手绘UI

给UI设计师看的素描书

韩少云 刘涛 刘杨◎著

清华大学出版社
北京

内 容 简 介

随着移动互联网与信息技术的不断发展，人们对于传统造型美术与 UI 之间有了不一样的时代解读。本书就是基于当下的移动互联网时代背景，通过 UI 中造型与设计的关联、界面造型典型元素的提炼与绘制等，精心编排、撰写出来的，旨在让读者能更全面了解当下的设计领域以及技术、思想与表现手法，同造型美术有着怎样的关联。

本书覆盖知识面广，立意较高，是作者在多年工作与培训中精炼出的实用手绘手册。本书适用于 UI 设计师、网页设计师、APP 设计师等，并可作为高等院校教学参考用书。

图书在版编目(CIP)数据

手绘UI：给UI 设计师看的素描书 / 韩少云，刘涛，刘杨著. — 北京：清华大学出版社，2019
（2023.8 重印）
ISBN 978-7-302-45209-6

Ⅰ.①手… Ⅱ.①韩…②刘…③刘… Ⅲ.①人机界面—产品设计 Ⅳ.①TP11

中国版本图书馆 CIP 数据核字(2017) 第 264044 号

责任编辑：栾大成
封面设计：杨玉兰
责任校对：徐俊伟
责任印制：刘海龙

出版发行：清华大学出版社
    网   址：http://www.tup.com.cn, http://www.wqbook.com
    地   址：北京清华大学学研大厦 A 座   邮   编：100084
    社 总 机：010-83470000   邮   购：010-62786544
    投稿与读者服务：010-62776969，c-service@tup.tsinghua.edu.cn
    质 量 反 馈：010-62772015，zhiliang@tup.tsinghua.edu.cn
印 装 者：北京博海升彩色印刷有限公司
经 销：全国新华书店
开 本：170 mm×240 mm   印 张：11.25   字 数：434 千字
版 次：2019 年 4 月第 1 版   印 次：2023 年 8 月第 4 次印刷
定 价：69.00 元

产品编号：065158-01

编 委 会

前　言

　　世界上迄今为止发现的最古老的绘画，可追溯到 35000 年前，是在法国阿尔岱雪河谷和拉斯科的洞窟岩壁上发现的。自此，人类开始给抽象的思想赋予直观的形象，并将看到的、想到的形象刻画在物体表面。起初这一切都由双手完成，后来发明了一系列的专用绘画工具，绘画成为人类交流的一部分，并一直影响着人类视觉生活的方方面面。

　　随着人类科技的不断发展、物质生活水平的不断提升，人类思想情感的表达方式也开始发生着变化，大家不再局限于用笔作工具、纸作载体记录自己的所看、所想、所感的表达方式，而是把自己的真情实感交给了计算机来完成，由计算机绘制图形、色彩、创造与解构设计中的方方面面。没错，我们不否认在快速演变的移动互联网时代，设计师的职业设计技能也在发生着变化（或许设计师不再需要强大的手绘基本功？），作为设计作品的重要载体，其社会功能要求和职业素养要求，正在与这个时代发生着微妙的变化，但这不足以让我们对绘画造型在设计中的担当角色产生质疑。我们以为，从某种意义上说，设计技能与造型美术之间，如同天平的两端，失去任何一端都将失去自身的平衡，而缺乏生动的演绎。因为它们本身就是互惠互利、友好共存的统一整体。

　　我们生活在一个信息科技大爆炸的时代，随着移动互联网与信息技术的不断发展，人们对于传统意义上的造型美术与 UI 之间有了不一样的时代解读。

　　本书就是基于当下的移动互联网时代背景，通过 UI 中造型与设计的关联、界面造型典型元素的提炼与绘制等，精心编排、撰写出来的，旨在让读者能更全面了解当下的设计领域以及技术、思想与表现手法，同造型美术有着怎样的关联。

　　实际上，在日常设计环节的许多方面，造型美术过程就是一个强有力的表达自我的便捷工具。造型的美术并非是对既有材料霸占挪用的伎俩，而是一种创造行为，和设计的与时具进、推陈出新的表现手段一样，造型美术的核心也是创造出新。比如在 UI 造型设计领域中，设计概念速写寥寥数笔，即便最终只能为美术字或一幅商业 Banner 草图打打底，当中也会透出造型手段的活力与形式表达魅力。

　　鉴于此，设计师可以将这样的一种形式表达，视为自己在设计定稿时必须实现的目标。最重要的是，造型美术汇合了设计师所信赖的各种技能，包括观察、体会、技艺、组合、拆封、提炼、文字及视觉叙事创作的方方面面。

　　本书旨在从界面设计（UI 造型设计）领域为出发点，将实际在 UI 设计中遇到的造型美术难题，通过深入浅出的实际案例解析，充分让热爱设计的读者能更为全面地了解到造型美术对于 UI 设计的重要性，更为扎实地掌握实际设计工作中的图形快速表达能力，为将来的设计之路打下坚实的造型美术基础。无论未来您从事设计的哪个领域，我们都有理由相信，拥有精良的设计技能和卓越的造型表达，才会使您的设计之路如虎添翼。

达内数字艺术学院

扫码下载本书配套视频课程

课程名称	时间	内容	内容
造型基础	day01	CG商业原画 - 初识素描	课程原理介绍
			线条与造型
			明暗与色阶规律
	day02	CG商业原画 - 绘画构图	构图原理分析
			四种常用构图原理解析
			矩形构图案例演示与绘制
			斜线构图案例演示与绘制
			金字塔形构图案例演示与绘制
			S形构图案例演示与绘制
	day03	CG商业原画 - 绘画透视	透视原理分析
			透视在画面中的运用规律
			平行透视原理与案例演示 - 平视视角
			平行透视原理与案例演示 - 俯视视角
			平行透视原理与案例演示 - 仰视视角
			成角透视原理与案例演示 - 俯视视角
			成角透视原理与案例演示 - 仰视与平视视角
			透视案例演示 - 成角透视 - 俯视的纸箱
			透视案例演示 - 成角透视俯视 - 打开的纸箱
			透视案例演示 - 圆形透视俯视 - 圆柱体
			透视案例演示 - 圆形透视成角 - 圆柱体
			圆形透视案例演示
			圆形透视案例演示与总结
	day04	CG商业原画 - 绘画线条	线条绘制种类与原理解析
			线条案例演示 - 树干造型
			线条案例演示 - 书本造型
			线条案例演示 - 马克杯造型
			线条案例演示 - 花卉植物造型
			线条案例演示 - 轮廓线造型 - 手部结构
			线条案例演示 - 轮廓线造型 - 笔记本结构
			线条案例演示 - 质感线造型 - 手拎包结构
			线条案例演示 - 质感线造型 - 金币结构
	day05	CG商业原画 - 绘画几何1	几何体结构原理分析
			几何体结构绘制 - 方形
			几何体结构绘制 - 方形
			几何体结构绘制 - 拓展案例 - 纸箱
			几何体结构绘制 - 拓展案例 - 收音机
			几何体结构绘制 - 球体
			几何体结构绘制 - 组合球体
			几何体结构绘制 - 圆形拓展案例 - 玻璃球
			几何体结构绘制 - 圆形拓展案例 - 头盔
	day06	CG商业原画 - 绘画几何2	几何体结构绘制 - 圆柱形
			几何体结构绘制 - 圆柱形
			几何体结构绘制 - 圆柱形拓展案例 - 照明灯 - 造型
			几何体结构绘制 - 圆柱形拓展案例 - 照明灯 - 明暗
			几何体结构绘制 - 圆柱形拓展案例 - 废纸篓
			几何体结构绘制 - 多面形体造型
			几何体结构绘制 - 多面体拓展案例 - 足球造型
			几何体结构绘制 - 多面体拓展案例 - 钻石造型

目　录

第1章　设计素描   **1**

1.1　素描的概念及功能 ·····················3

1.1.1　素描的概念··················3

1.1.2　素描的延展——设计素描········4

1.1.3　素描的功能··················11

1.2　设计素描及发展简史 ··············14

1.3　绘画工具、材料及使用 ···········15

1.3.1　笔的种类·····················15

1.3.2　纸张·························17

1.3.3　绘画线条及其运用场合·····18

1.3.4　执笔法·······················19

本章小结··································19

赏析与实训······························20

第2章　设计素描的基本要素   **27**

2.1　透视 ································29

2.1.1　透视的基本概念············29

2.2.2　透视的种类·················30

2.2　比例 ································36

2.2.1　比例的概念·················36

2.2.2　比例关系的运用············39

2.3　构图 ································41

2.3.1　构图概念·····················41

2.3.2　构图原则·····················41

本章小结··································42

赏析与实训······························42

第3章　素描的表现方法   **47**

3.1　观察方法 ·························48

3.1.1　整体观察·····················49

3.1.2　理解观察·····················51

3.1.3　立体观察·····················52

3.1.4　审美观察·····················53

3.2　绘画中的点、线、面 ············54

3.2.1　点··························54

3.2.2　线··························56

3.2.3　面··························59

本章小结··································59

赏析与实训······························60

第4章　结构素描和明暗素描   **65**

4.1　结构素描 ·························67

4.1.1　结构素描的概念············67

4.1.2　结构素描的表现············68

4.2　明暗素描 ·························72

4.2.1　明暗素描的概念············72

4.2.2　明暗素描的表现············76

本章小结··································79

赏析与实训······························80

第5章　设计中的几何形体与明暗表现   **85**

5.1　几何形体组合写生步骤 ··········87

5.1.1　结构素描表现方法的写生步骤·····87

5.1.2　明暗素描表现方法的写生步骤·····88

5.2　静物写生步骤 ···················90

5.2.1　静物练习的意义············90

5.2.2　绘制单个静物···············94

5.2.3　静物组合的绘制方法·······98

本章小结··································100

赏析与实训······························100

第6章　速写   **107**

6.1　速写的基本知识 ·················109

6.1.1　速写概述·····················109

6.1.2　速写训练的目的············111

6.2　速写基础 ·························113

6.2.1　速写的工具·················113

6.2.2　速写的造型要素············116

6.2.3　速写的表现手法············121

6.3　静物速写 ·························123

6.3.1　静物速写的概念与作用····123

6.3.2　静物速写表现要素·········123

本章小结··································125

赏析与实训······························125

第7章　设计色彩应用   **133**

7.1　彩色铅笔的介绍与选择 ··········134

7.2　铅笔、削笔刀、橡皮的选择 ·····141

7.2.1　一般绘图铅笔的选择·······141

7.2.2　削笔刀的选择···············141

7.2.3 橡皮的选择·····················142

7.3 彩色素描纸张的选择 ·················142

本章小结···························144

赏析与实训·························144

第8章 彩色铅笔的技法　　147

8.1 基本画法 ·······················148

8.1.1 基本笔触 ···················148

8.1.2 其他笔触 ···················151

8.2 叠色画法 ·······················152

8.2.1 叠色的基本画法·················153

8.2.2 渐变的画法···················154

8.3 笔触、叠色及渐变综合练习 ·········156

8.4 素描基础在彩色素描中的应用 ·······159

8.5 一些彩色素描的小技巧 ·············160

8.5.1 白色铅笔留白···················160

8.5.2 橡皮的妙用····················161

8.6 画彩色素描的基本步骤 ·············163

本章小结·························166

赏析与实训·····················166

第 1 章　设计素描

学习目标

● 素描的概念及功能；
● 设计素描及发展简史；
● 绘画工具、材料及使用。

作为研究和再现物象的一种方式，素描是一切造型艺术的基础。这不仅是因为从造型本身来看，素描是一切造型形式能够被理解或表达的基本依据，更重要的还在于，素描所使用的语言与人类认识事物的基本方式一致。

在《辞海》里对素描的解释是：绘画的一种，主要以单色线条和块面来塑造物体的形象。它是造型艺术基本功之一，以锻炼、观察和表达物象的形体、结构、动态、明暗关系为目的。

中国传统的绘画有先画素色底稿（粉本），然后据以上色（绘事）的步骤，其素色底稿就具备一般素描的基本功能。图1-1所示为吴道子《八十七神仙卷》素描稿局部。

图1-1 吴道子《八十七神仙卷》素描稿局部

在《西洋美术辞典》（雄狮图书公司出版）一书中，与素描相关的解释只有其功能中的一项——速写。文中认为速写是作品或部分作品的粗略草图，是艺术家对光影、构图和整幅画的规模等要点所作的研究和探讨，它是整幅画的初步构图或其中之一。图1-2所示为达•芬奇绘制的素描草图。

一幅出自风景画家的速写性质的素描通常是表现风景光影效果的一项小而快的记录，同时也为将来作画做准备，如图1-3所示。

图1-2 达•芬奇的素描草图

图1-3 风景素描草图

1.1　素描的概念及功能

素描是人类绘画史上最古老的一种表现形式，至少在 15 000 年前，就已经出现了最初的绘画。原始人用树枝、石头或木棒在居住的岩洞上描绘狩猎场景和动物形象时，就产生了素描的雏形。图 1-4 所示为西班牙岩画《受伤的野牛》。

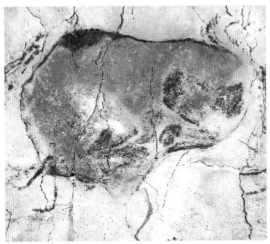

图1-4　《受伤的野牛》

素描是训练造型能力的基本功，需对透视学、投影学、解剖学等自然科学规律加以认识，同时也需对造型的观念、造型的美学原则、造型的诸形式要素和各种艺术表现方法加以认识和实践。

1.1.1　素描的概念

素描概念的形式起源于西方，用于培养学生的造型能力。广义上的素描，泛指一切单色的绘画；狭义上的素描，专指用于学习美术技巧、探索造型规律、培养专业习惯的绘画训练过程。不过，如同人类文明进步本身，对素描的理解亦与时俱进，现在的素描更注重于其造型能力，放宽了对颜色的限制，画家已不单用一种颜色画素描，而用多种颜色表现物象。就绘画材料而言，除了铅笔、碳笔、色粉笔等干性材料外，还有钢笔、毛笔、水彩等液体材料，大大丰富了素描的表现形式。图 1-5 所示为德加的色粉笔素描。

图1-5　德加的色粉笔素描

提示 美术是表现事物的一种手段。美术的基础是造型，艺术造型是人按照自然方式进行的复杂劳动，是一项需要长期训练才能形成的特殊技能。艺术造型不只是塑造孤立静止的物体形态，更重要的是表现物体中各种形式的有机关系。掌握艺术造型的方法，需要训练人的思维方式和操作方式，需要研究自然物体的形式特点、变化规律及条件。素描是解决这些造型问题的最佳途径，这在艺术造型的实践中得到了完全证明，因此，素描被称为"造型艺术的基础"。

1.1.2 素描的延展_设计素描

古希腊的建筑与雕塑对素描的影响极大，其中的艺术成就主要体现在人物雕塑方面，图1-6和图1-7分别为希腊雕塑《莫色雷斯的胜利女神像》和《米罗的阿佛洛狄忒》（或《米罗的维纳斯》）。

图1-6 《莫色雷斯的胜利女神像》（希腊）

图1-7 《米罗的阿佛洛狄忒》（希腊）

素描的产生和演变经历了一段相当漫长的时间。14世纪的意大利文艺复兴，推动欧洲的文化、艺术进入了一个新的历史时期。随着认识水平的提高和科学技术的进步，艺术大师们在绘画创作中运用了艺术解剖学、透视学、明暗法及比例关系等自然科学基本原理，在平面上构建立体空间效果，以线条来表现明暗，再现物象的造型，如图1-8所示。

图1-8 文艺复兴时期透视学在素描中的运用

文艺复兴时期的意大利画坛巨匠达·芬奇绘制了理想的人体比例图,用圆形、正方形尝试去求证人体的典型比例,并运用几何学和数学手段对人体比例进行归纳,使画面人物成为现实与理念相结合的艺术形象。图1-9所示为达·芬奇的人体比例图《维特鲁威人》。

图1-9 达·芬奇《维特鲁威人》

这一时期的人物素描不仅重视对人物性格的刻画和内心世界的表现,而且动势优美、结构严谨、线条极富表现力,如图1-10所示。

图1-10 达·芬奇《女孩像》

从 17 世纪开始，欧洲文化中心开始逐渐向法国转移。当时的画家已不满足于单一的造型方法，他们更注重追求素描表现形式的多样化，造型观念也由客观理性的冷静细致转向表现更为强烈的感情色彩。例如鲁本斯以强烈的明暗对比来表现富于动感的生命，如图 1-11 所示。

图1-11 鲁本斯素描作品

伦勃朗的素描放弃了以触觉经验为基础的倾向，更多地抒发自我情感，如图 1-12 所示。

图1-12 伦勃朗自画像

18～19 世纪是写实主义绘画发展的鼎盛时期。达维特是法国大革命中出现的古典主义运动代表，他的画具有古典格律的形式美，其代表作品是《马拉之死》和《拿破仑加冕式》。图 1-3 所示为达维特的素描作品。

图1-13　达维特素描作品

安格尔继承了达维特的古典主义画风，他常用铅笔来表现人物，线条高度概括，形态简洁，极富理性，如图 1-14 所示。

图1-14　安格尔素描作品

19世纪的法国画坛出现了浪漫主义、写实主义、印象主义等各种创造性的素描风格，在德拉克罗瓦、柯罗、毕沙罗、杜米埃、德加等画家的作品中以不同形式展现出来。图1-15展示了写实主义大师杜米埃的作品。

图1-5 写实主义大师杜米埃作品

大雕塑家罗丹通过对人物的细心观察，素描一气呵成，手法奔放、轻快而抒情，线条概括而生动，如图1-16所示。

图1-16 罗丹《雨果像》

凡高用点和线表现变幻运动着的视觉形态，使一切形体在狂乱中升华、旋转、压抑，抒发他癫狂不安的情绪，如图1-17所示。

塞尚被称为现代绘画之父，他摒弃了印象主义注重感觉而牺牲结构的画法，主张坚实地表现形体，将现实中的物体归纳为不同形状的几何体，如图1-18所示。

图1-17 凡高素描作品

图1-18 塞尚素描作品

20 世纪的西方素描建立在反传统的基础上，形成了野兽派、表现主义、立体主义等多流派共存的多元局面。他们强调主观表现和形与色的构成，使绘画的抽象因素得到了发展。如图 1-19 所示为野兽派画家马蒂斯的作品。

西班牙画家毕加索受塞尚的启发，创立了立体主义，他提出形体需要从印象主义色彩的软弱中解放出来，打破传统，主张只画 3 个面来表现出立体的 6 个面，如图 1-20 所示。

到了 20 世纪中叶，现代派绘画已发展到不反映肉眼看到的对象，而表现与肉眼所见不同的对象，实际上是用线条表现运动的速度，即抽象主义绘画，抽象绘画是以直觉和想象力为创作的出发点，排斥任何具有象征性、文学性、说明性的表现手法，仅将造型与色彩加以综合、组织在画面上。因此，抽象绘画所呈现出来的纯粹形色，有类似于音乐之处，如图 1-21 所示。

图1-19 野兽派画家马蒂斯作品

图1-20 毕加索作品

图1-21 康定斯基作品

超现实主义的主要特征，是以所谓"超现实""超理智"的梦境和幻觉等作为艺术创作的源泉，认为只有这种超越现实的"无意识"世界才能摆脱一切束缚，最真实地显示客观事实的真面目。超现实主义使传统上对艺术的看法产生了巨大的影响，也常被称为超现实主义运动。图 1-22 所示为超现实主义画家达利的作品。

图1-22　达利作品

1.1.3　素描的功能

素描从功能上可分为研究性素描、表现性素描和速写 3 类。

（1）**研究性素描**：也称为素描习作，它是通过大量实践和反复训练，对物象的认识由感性上升到理性，从而获得把握绘画规律、准确塑造物象的能力。

研究性素描可以不要求画面的完整性，对物体进行局部分析研究以深刻理解对象的构成并深入地表现对象。例如结构素描，是从对象的几何结构特点和解剖结构出发，用线条表现体积和物象之间的穿插、榫合和空间关系，如图 1-23 所示。

图1-23　结构素描

（2）**表现性素描**：是在充分理解物象的基础上主观地表现物象的一种素描形式。表现性素描可以从对物象的感受上进行夸张，突出强调物象的特征，加大和扩大对其特征的认识，以便充分地揭示物体的本质。夸张的着眼点主要来自作者的感受，这类素描不是客观的再现，而是主观的表现。例如马蒂斯的作品《女子》，如图 1-24 所示。

图1-24　马蒂斯《女子》

（3）**速写**：是指在较短的时间内，用简洁的手法捕捉变动易失物象的一种素描表现形式。

速写可分为习作性速写、创作性速写和为创作收集素材的速写。训练习作性速写的目的是培养观察能力、记忆能力和艺术概括能力，如图 1-25 所示。

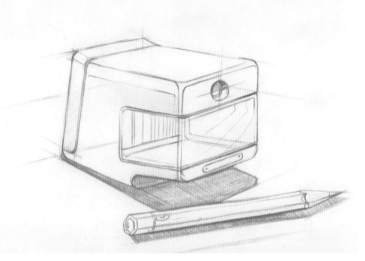

图1-25　习作性速写

创作性速写带有较强的主观性，它是在感受对象的基础上，强化和夸张其特征，使物象更加突出，更具表现力，如图1-26所示。

图1-26　创作性速写

为创作收集素材的速写有较强的目的性，它可以是局部的，也可以是完整的，如图1-27所示。

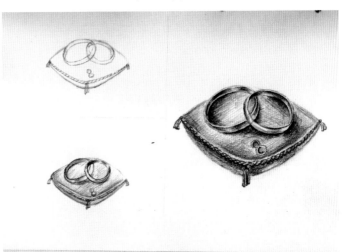

图1-27　为创作收集素材的速写

1.2 设计素描及发展简史

设计素描出现的时间较晚。如图 1-28 所示。

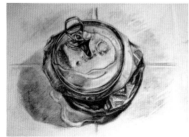

图1-28 设计素描

1.设计素描的概念

设计素描是以设计概念为先导的造型形式。设计素描是素描的一种形式，是在借鉴融合传统素描艺术精华基础上，结合现代设计艺术学科的特点形成的视觉造型艺术学科。它是设计师收集形象资料、表现造型创意、交流设计方案的语言和手段。可以说是素描在设计上的一种应用形式。

2.设计素描的目的

设计素描是为了锻炼表达设计意图能力、为设计服务的，是设计师表达设计创意，交流设计方案的手段和语言，具有很强的实用性；它是以设计为目的进行的各种素描写生和素描创作。

3.设计素描的作用及内涵

设计素描以比例尺度、透视规律、三维空间观念以及对形体的内部结构剖析、空间联想、物体间的联想创意等方面为重点，训练绘制设计预想图的能力，是表达设计意图的一门专业基础课。

设计素描作为训练造型能力的一种方式，一般不以独立的艺术作品形式出现。设计素描是设计活动的一部分，是艺术设计的再现，起着设计"中介"和产品"效果图"的作用。就其造型功能，第一位是物质性、适应性；第二位是审美性、精神性。

4.设计素描应用范围

设计素描应用极为广泛，包括工业产品造型、平面设计、环境艺术以及服装设计、染织设计、书籍装帧、商业广告、包装装潢、装饰工艺、电脑动画、摄影、雕塑和建筑等领域。

5.设计素描的历史及发展

设计是一门古老而年轻的学科。设计素描是随现代设计的发展而独立存在的一门基础学科，是设计活动和设计意识与人类的生存和发展息息相关的精神文化产物。

人类首度将设计素描的理论、形式和功能从传统素描中划分出来，应该归功于 1919 年德国包豪斯设计学校的创立以及瑞士巴塞尔设计学校拟定的《设计素描基础教学大纲》。该《大纲》在素描一词之前冠以"设计"二字，确立了"设计素描"这一名词与概念。上世纪 80 年代，设计素描开始引入我国，最初由中央工艺美术学院（现清华大学美术学院）引入讲授，90 年代开始逐步深入到我国艺术教学领域。

1.3 绘画工具、材料及使用

俗话说"工欲善其事，必先利其器"，素描的工具、材料虽然简单，但不同的工具、材料有不同表现效果。在基础素描训练中，首先要熟悉工具、材料，才能更好地进行造型训练，以利于基本技能技巧的掌握。

1.3.1 笔的种类

笔可以归纳为两种：一种是画家常用的干性材料，即铅笔、炭笔、木炭条、炭精条和色粉笔等；另一种是液体材料，如钢笔用的墨水、毛笔用的墨汁等。

（1）**铅笔**：铅笔按铅芯成分比例有软、硬之分，石墨含量高的是软铅，石墨含量低的是硬铅。软铅画出的线条颜色重，硬铅画出的线条颜色淡。铅笔上标有字母 B 的是软铅，有字母 H 的是硬铅。软铅从 B、2B 到 6B 颜色越来越重，硬铅从 H、2H 到 6H 颜色越来越淡，两者之间还有一种软硬适中的 HB 铅笔。铅笔的特点是画出的色调层次丰富而细腻，可以层层深入地加以刻画，铅笔应该是初学者的首选。在一般情况下，起稿时用 3B 以上较软的铅笔为宜，深入刻画时可以用较硬的铅笔。图 1-29 所示为常用的铅笔。

图1-29 铅笔

（2）**炭铅笔**：炭铅笔（见图 1-30）质地较铅笔软，较炭精条和木炭条硬，颜色浓黑，在画面中的表现力很强，可用来进行细致刻画。炭铅笔可以用来表现明暗对比强烈的对象，优点是便于修改，不易画光画油。

图1-30 炭铅笔

（3）**炭精条**：炭精条分黑色和棕色两种，一般为方条形，如图1-31所示。炭精条可以刻画细节，也能大面积涂色，着色能力强，且效果强烈，但不易控制和掌握，容易弄脏画面，而且不易擦改，所以初学者不宜使用。

图1-31 炭精条

（4）**木炭条**：木炭条一般用柳条烧制而成，如图1-32所示，木炭条颜色浓黑，使用方便；但质地松软，附着力差，可表现强烈的黑白对比，又可表现柔和色调。木炭条作品要喷定画液以固定画面。

图1-32 木炭条

（5）**橡皮和削笔刀**：用铅笔作画时，有些画面是需要我们进行修改和擦拭的。橡皮的种类有很多，质地较坚硬的橡皮（橡皮和塑料制的）和可塑橡皮（也叫油灰橡皮）都很值得一用。若在作画时你会常常削铅笔，所以拥有一个好的手动或电动转笔刀工具就很有必要，这样能随时对绘图铅笔进行加工，以便画出更美的画作，如图1-33所示。

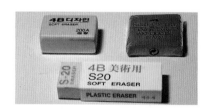

图1-33 橡皮和削笔刀

1.3.2 纸张

常用来画素描的纸张有两种，速写纸和 A4 打印纸。

（1）**速写本**：速写本是用来进行速写创作和练习的专用本，一般有方形和长形两种，开数大小不一。一般长方形以 16 开、8 开、4 开尺寸居多。纸张较厚，纸品较好，装订多为活页，以方便作画，有横翻竖翻等形式。速写本较单张纸夹作画更易保存和携带，深受广大美术工作者喜爱。图 1-34 所示为横翻速写本。

图1-34 速写本

（2）**A4 打印纸**：A4 打印纸规格为 21×29.7cm（210mm×297mm），纸质要比素描纸细腻，铅笔画上去几乎看不到细纹，纸张不易弄皱，最易得到，如图 1-35 所示。

图1-35 A4打印纸

1.3.3 绘画线条及其运用场合

素描中大量使用线条来构造物象的形体和光影效果，接下来就介绍几种常用的线条及其运用场合。

（1）**直线：**直线为绘画过程中最常用的线条，在素描起稿阶段起重要作用。如图1-36（a）所示。

（a）绘画线条（直线条）

（2）**斜线：**斜线在绘画中主要用来处理大面积色块和背景时使用，如图1-36（b）所示。

（b）绘画线条（斜线条）

（3）**弧线：**弧线在画面中主要用来塑造形体，如图1-36（c）所示。

（c）绘画线条（弧线条）

（4）**交叉线条：**交叉线条在绘画作品中大量运用在物体明暗及背景中，如图1-34（d）所示。

（d）绘画线条（交叉线条）

图1-36

1.3.4 执笔法

执笔无定法，应以方便使用，充分发挥笔的表现力为原则。一般有两种执笔方法：斜握法和横握法。

（1）**斜握法：** 斜握法稍类似于平常握笔写字，如图 1-37 所示。此执笔法绘画范围有限，主要用于刻画细节。

图1-37 斜握法

（2）**横握法：** 横握法横握笔杆，用手腕以至于手臂带动运笔。横握法既可刻画细节，又可伸开手臂大面积作画，是最常用的执笔法，如图 1-38 所示。

图1-38 横握法

本章小结

通过本章的学习，读者可以了解素描的概念及功能，素描的产生和发展以及在画素描时常用的工具、材料及执笔方法，为后面的学习和创作做好准备工作。

赏析与实训

赏析部分：书包与可乐杯子

此作品为传统素描中写实静物的实际案例，造型准确，黑、白、灰层次分明，充分表现出了书包的质感一体积。

图1-39　书包素描

此作品为写实素描静物可乐杯子的绘制，深入的观察、细致入微的刻画使画面中玻璃杯的质感得以真实的再现。

图1-40　可乐杯子

实训部分：案例1——打开的纸箱

（1）运用斜线与垂直线绘制出纸箱大体轮廓。

图1-41　纸箱步骤1

（2）运用透视原理确定纸箱各角度的形态。

图1-42　纸箱步骤2

(3) 画出纸箱黑、白、灰的层次,使其具备层次感。

图1-43 纸箱步骤3

案例2——汽车模型

(1) 概括画出汽车的外型轮廓。

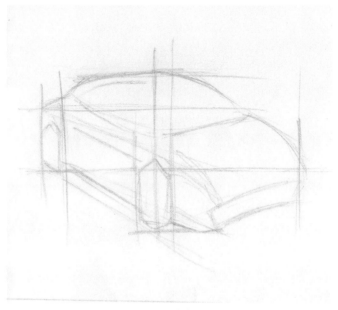

图1-44 汽车步骤1

（2）注意汽车模型的透视与细节的添加。

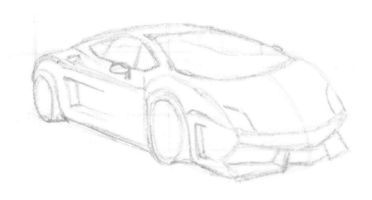

图1-45　汽车步骤2

（3）继续深入画出部分的明暗与质感。

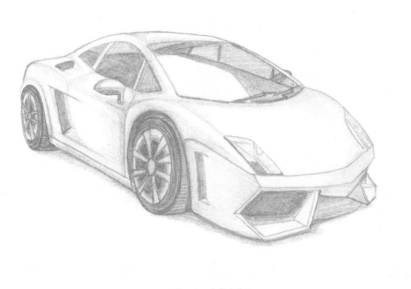

图1-46　汽车步骤3

案例3——产品模型

此作品为造型设计师绘制的产品模型草图，线条清晰流畅、造型意识表现强烈且准确，同时使画面充满了现代设计的绘画气息。

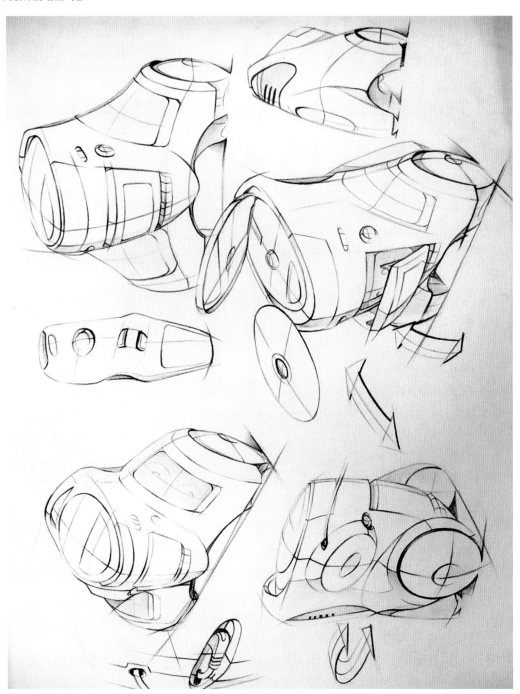

图1-47 产品模型草图

案例 4—— 漂亮的水壶

（1）运用直线概括地画出水壶的形态。

图1-48 水壶步骤1

（2）绘制水壶的透视角度与装饰图案。

图1-49 水壶步骤2

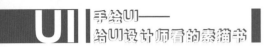

（3）绘制出水壶的质感与明暗层次变化。

水壶

图1-50　水壶步骤3

第 2 章　设计素描的基本要素

学习目标

- 了解透视的基本概念；
- 掌握透视的种类；
- 了解比例的概念；
- 掌握比例关系的运用；
- 构图的原则。

在开始进行素描练习时，练习的对象都是一些简单的几何形状，如正方体、长方体、球体、圆柱体等，如图 2-1 所示。

图2-1　圆柱体

由正方体和长方体可以联想到包装盒、书桌等，球体可以联想到篮球、苹果等。对于人的脸形的区分，人们常说方脸、圆脸、长脸、瓜子脸等客观存在的形体，这为人们提供了便于区分的可能性，也为造型艺术提供了多样性和可能性。

到一定程度之后，用于素描训练的物体不再是标准的几何体，而是由很多复杂多变、不同朝向的面组合而成的物体。在训练中，人们往往根据视觉经验和视觉习惯，忽略了形象整体，而只看到局部。但是，画面又要求表现完整的东西，要解决这个矛盾，就得培养不同的视觉习惯，排除细节的干扰，对复杂的物体进行归纳和概括，最大限度地简化任何一种复杂的形体，将其画成多个简单几何体，这样就比较容易把握整体，从而较快、较准确地完成素描作品，如图 2-2 所示。

图2-2　形体的归纳和概括

2.1 透 视

2.1.1 透视的基本概念

在绘画中，透视学的运用是历代画家对视觉空间不断探索的成果。透视是一种生理现象，通过研究眼睛与物体之间的关系，来研究物体在视觉空间中存在的状态。

人们眼中所看到的景物，并不是其固有的样子。在透视原理作用下，物体的大小、长短、高矮、宽窄都会显现出复杂、微妙的变形。由于物体占据的空间是从上下、左右、前后方向上体现的，所以眼的观察也有差异。在日常生活中，人们观察景物都是近大远小、近高远低、近宽远窄、近清楚远模糊，这是生活常识，也是透视学要研究的视觉规律。所有这些视觉上的感受，都要通过透视原理的运用，准确把握形体的变化规律，以便在绘画中正确表现物体的形和物体与空间的关系，如图2-3和图2-4所示。

图2-3 室内设计手绘图

图2-4 近实远虚的透视效果

透视学的名词较多，下面介绍几个绘画中常用的名词。

- 视点：是指绘画者眼睛所在的位置，即观察点。
- 视平线：是指与绘画者的眼睛在同一高度的一条水平线。这条线随着视点的高低发生变化，当平视时，视平线与地平线重合；当俯视或仰视时，视平线与地平线分开。
- 主点：又称心点。它是指绘画者眼睛正对着的视平线上的点，它是视域的中心。
- 视中线：又称中心视线。它是指视点与主点的连接线及其延长线，与视平线成直角。
- 消失点：又称灭点。它是指在视觉中，物象由近而远，由大变小，在视平线上逐渐汇集成的一点，也就是透视线的终点。在成角透视中，消失点分为左消失点和右消失点两种；在倾斜透视中，消失点除前面提到的两种以外，还有垂直消失点。
- 天点：近高远低的倾斜物体，消失在视平线以上的点。
- 地点：近高远低的倾斜物体，消失在视平线以下的点。
- 视域：是指眼睛看出去的空间范围，也就是头转动，眼睛朝一个方向观看时，所能看到的区域，也称可见视域。眼睛的视角成一圆锥形，视角60°范围内称为正常视域。在正常视域范围内，物象比较清晰；超出这个区域范围，物象就比较模糊。

透视原理图，如图2-5所示。

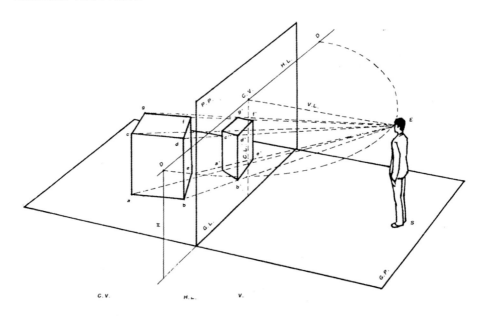

图2-5 透视原理图

2.2.2 透视的种类

由于物象在空间中所占位置不同，特别是由于在表现形式、光照情况和物象形体等方面存在差异，所以透视方式也是多种多样。

从物象的空间位置划分，可分为平行透视、成角透视和倾斜透视；从物象的形体关系划分，可分为散点透视和焦点透视等等。

对以上提到的几种基本的透视类型介绍如下。

1. 平行透视

视角在 60°视域内的立方体的一个面与画面平行的透视称为"平行透视"。其主要特征是距画面最近的是一个面，只有一个消失点，又称"一点透视"。平行透视的形体是随着视点的位置不同而变化的。虽然平行透视比较简单，但它是学习其他透视的基础，它在构图上能够产生集中、平衡、稳定、庄重的效果，如图 2-6 和图 2-7 所示。

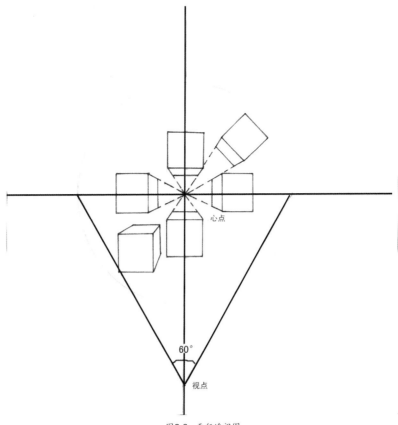

图2-6 平行透视图

图2-7 平行透视实例

2. 成角透视

视角在 60°视域内的立方体没有一个面与画面平行，但上下两个面与地面平行，其他面与画面成一定角度的透视称为"成角透视"。其主要特征是距画面最近的是立方体的一个角，将侧面两组边线延长则消失在左右两个消失点，故又称"二点透视"。成角透视在绘画上应用广泛，主要用于表现多方位的空间和主体深度。在建筑、园林、室内装饰设计中，多采用成角透视法，如图 2-8 和图 2-9 所示。

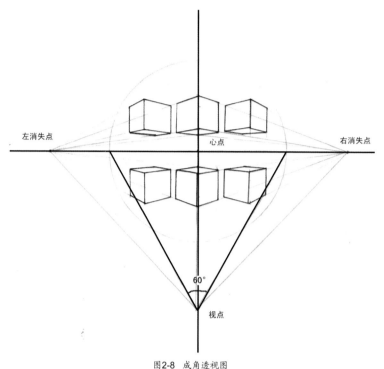

图2-8　成角透视图

图2-9　成角透视实例

3．倾斜透视

视域内的一个立方体的所有面都不平行于画面，也不平行于地面，与画面和地面都成倾斜状态的透视称为"倾斜透视"。斜面有的是上斜，即近处低远处高；有的是下斜，即近处高远处低。建筑中的坡形屋面、台阶等都属于倾斜透视，其特点是有3个消失点，故称"三点透视"。倾斜透视多数存在斜仰视或斜俯视的透视之中。倾斜透视构成形体多方位、多角度的变化，在构图上能够产生起伏、运动、多变的感觉，如图 2-10 ～图 2-13 所示。

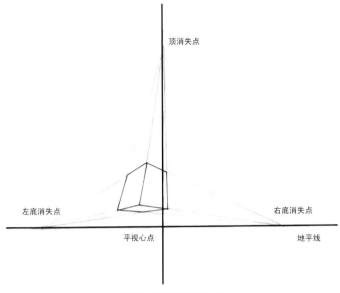

图2-10　倾斜透视图（一）

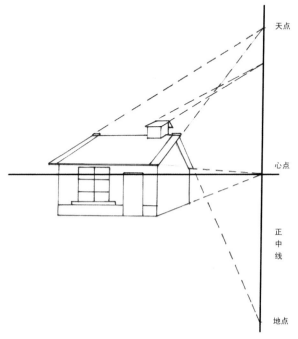

图2-11　倾斜透视图（二）

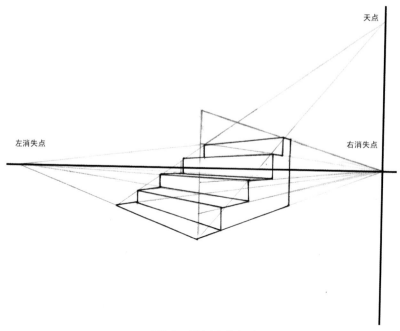

天点

左消失点

右消失点

图2-12 倾斜透视图（三）

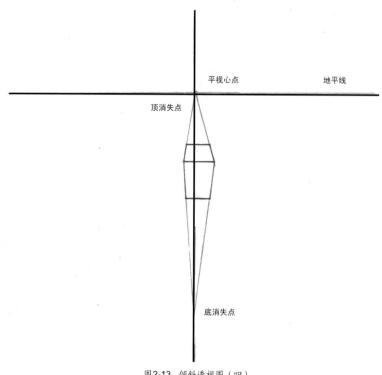

平视心点　　　　　地平线

顶消失点

底消失点

图2-13 倾斜透视图（四）

4. 散点透视

　　画家的观察点不固定在一个位置，也不受下定视域的限制，而是根据需要，移动立足点进行观察，凡在各个不同立足点上所看到的东西都可组织进画面中，这种透视方法称为"散点透视"，又称"移动视点"。

　　中国山水画所表现出的"咫尺千里"的辽阔境界，正是运用这种独特的透视法的结果，图2-14为《清明上河图》中表现的散点透视效果。

图2-14　《清明上河图》的散点透视效果

5. 焦点透视

　　焦点透视就像照相机拍照，焦距对准的位置清楚，焦距之外的模糊，从而表现出距离纵深感。从物理学的原理出发，焦点透视用固定的视点表现同一个空间，这种透视只有一个固定的视点、视向和视域，作画取景也只限于由这个视点、视向所决定的视域。西方的绘画常采用焦点透视的方法，如图2-15所示。

图2-15　焦点透视

> **提示** 焦点透视就是排除已适应生理需要的观察方式和视觉经验，着力刻画主观上想突出的部分，其他部分可以相对放松，有取有舍，有虚有实，从而较完美地表现物象，达到理想的艺术效果。我国传统绘画关于空间的表现往往是通过线描的粗细、浓淡、疏密来完成，这些传统的空间表现方法，也是素描训练中学习和运用的典范。

2.2 比 例

2.2.1 比例的概念

在素描构图中，比例是指物象与物象之间、物象本身局部与局部之间的量的关系。物象的长度、宽度和深度的量值构成了比例关系。物象某一局部的大小及所占位置和另一局部的大小及所占位置也是构成比例关系的因素。

我国古代画论中也有关于人体比例的论述，如"三停五眼""立七坐五盘三半""三拳一肘""丈山尺树""寸马分人"等说法。

1. 三停五眼

中国传统的审美观念对人的面部美特别重视，三停五眼是古代画家根据成年人面部的五官位置和比例归纳出来的一种人物面部的普遍规律，它阐明了人体面部正面纵向和横向的比例关系。因此，三停五眼是衡量人的五官大小、比例、位置的准绳。

"三停"是指将人面部正面横向3等分，即从发际至眉线为一停、眉线至鼻底为一停、鼻底至颏底线为一停。

"五眼"是指将面部正面纵向5等分，以一个眼长为一份，两眼之间的距离为1只眼的宽度，外眼角垂线和外耳孔垂线之间为1只眼的宽度，整个面部正面纵向正好分为5只眼的宽度，如图2-16所示。

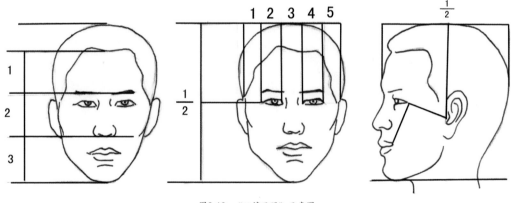

图2-16 "三停五眼"示意图

提示 "三停五眼"只适应于成年男女，对儿童来讲，额头部分要更大，如图 2-17 所示。

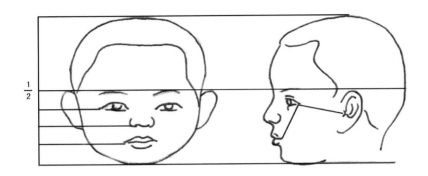

图2-17 儿童脸部比例

2. 立七坐五盘三半

"立七"表示人站立时身体长度等于 7 个头的长度（包含头部）如图 2-18 所示；"坐五"表示人坐着时身体长度等于 5 个头的长度（包含头部）；"盘三半"表示人盘腿而坐时身体长度等于 3 个半的头的长度（包含头部）。成年人与少年儿童的基本比例，如图 2-19 所示。

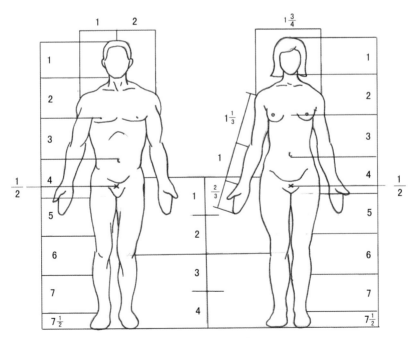

图2-18 "立七"示意图

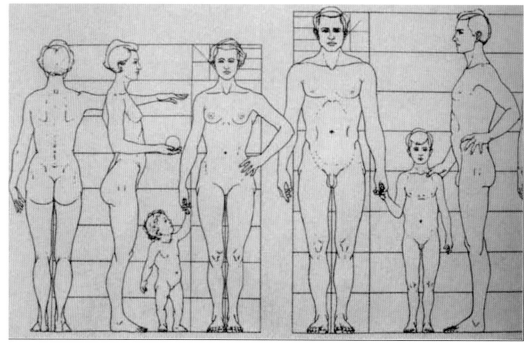

图2-19 人体比例图

米开朗基罗热衷于夸张人体的造型，他把人的身长定为 8 个头高，如图 2-20 所示。

图2-20 米开朗基罗《大卫》

阿尔布莱特·丢勒也在不断探讨比例问题，他画的《女人体比例图》虽然与达·芬奇的有所不同，但却有自己的独到之处，如图2-21所示。

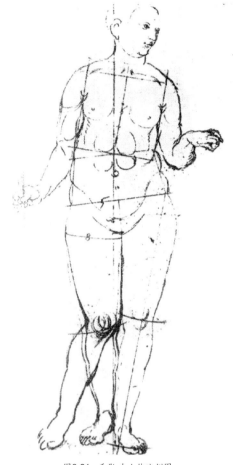

图2-21 丢勒 女人体比例图

提示 上文所提大师们的研究成果，为绘画艺术的发展提供了理论基础，具有较大的指导意义。

前辈艺术家对比例的总结概括，使后人对人物头像、人体形状及其各种比例关系的认识与把握更加方便、容易。

2.2.2 比例关系的运用

在学习素描的过程中，掌握有关比例的知识具有重要的意义，它是构成素描要素的主要部分，是所有学习绘画者都不可透视的问题。因此，应努力学习和研究比例关系，这是设计素描必不可少的技能。

在学好比例知识的同时，还要在实践中学会运用它。比例不是一个简单的公式，不能把一般的比例看成是固有的、一成不变的规范，而机械地进行套用。因为比例关系存在于客体之中，各个客体千差万别，用一个固定模式去套，就不能体现物象真实的特征。所以，正确的比例来自对物象的各种关系的把握，而把握关系的方法就是相互比较，这种比较是通过观察产生的。只有通过正确地观察、判断、比较，才能以正确的比例关系真实地表现客观物象。这种观察不是一次完成的，要反复、仔细、认真地思考。俗话说："七次量衣一次裁"，这就是多次观察，加深认识的过程，只有这样才能造成"衣"与"体"合身的比例关系。图2-22所示为人体比例关系对比。

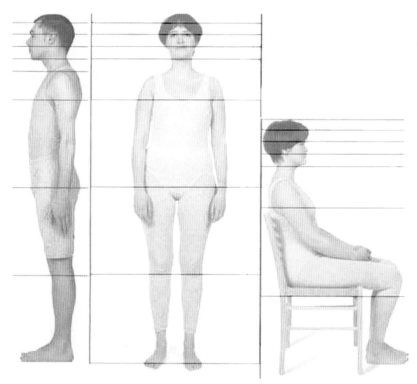

图2-22 人体比例关系对比

在素描创作过程中，对客观物象进行观察、分析、判断和比较，首先要着眼于整体，确定总的大致比例，然后再确定局部的比例关系，局部的比例要服从于整体的比例。只有这样，画出来的素描才会准确，不变形，如图 2-23 所示。

图2-23 确定对象整体与局部比例

有的画家会对物象的正常比例进行调整、夸张，甚至重新构造。例如在人物肖像画中，有的画家加入自己的情感因素，有意把人物面部拉长，额头加宽，眼睛加大等，来增强画面的艺术情感。如图 2-24 展示了马蒂斯素描作品中对比例的运用。

图2-24　马蒂斯素描作品中对比例的运用

2.3　构　图

2.3.1　构图概念

《辞海》里对构图的解释是：造型艺术术语。美术创作者为了表现作品的主题思想和美感效果，在一定的空间，安排和处理人、物的关系和位置，把个别或局部的形象组成艺术的整体。在中国传统绘画中称为"章法"或"布局"。

构图的表现形式主要有：

（1）水平式（稳定有力）

（2）垂直式（严肃端庄）

（3）S形（优雅有变化）

（4）三角形（稳定庄严）

（5）长方形（均衡平稳）

（6）圆形（饱和有张力）

（7）辐射（有纵深感）

（8）中心式（主体明确，效果强烈）

（9）渐次式（有韵律感）

（10）散点式（虽受边框约束，可自由向外发展）

2.3.2　构图原则

构图的基本原则是：均衡与对称、各种对比以及视点。

1. 关于均衡与对称

均衡与对称是构图的基础，主要作用是使画面具有稳定性。均衡与对称本不是一个概念，但两者具有内在的同一性——稳定。稳定感是人类长期生活在自然环境中形成的一种视觉习惯和审美观念，凡符合这种审美观念的造型艺术就会产生安全和谐之感；违背这个原则的，看起来就不舒服。均衡与对称不是平均分配，它是一种合乎逻辑的比例关系。平均虽是稳定的，但缺少变化，没有变化就显得乏味，所以构图最忌讳平均分配画面。对称的稳定感特别强，对称能使画面有庄严、肃穆、和谐的感觉。比如，我国古代的建筑就是对称原则运用的典范。对称与均衡比较而言，均衡的变化要大得多。因此，对称虽然是构图的重要原则，但是在实际运用中比较少见，运用多了就给人千篇一律的感觉。

2. 关于对比

巧妙的对比，不仅能增强艺术感染力，而且能鲜明地反映和升华主题。对比构图，是为了突出强化主题，对比主要有：

形状的对比。如：大和小、高和矮、老和少、胖和瘦、粗和细。

色彩的对比。如：深与浅、冷与暖、明与暗、黑与白。

灰与灰的对比。如：深与浅、明与暗等。

在一幅作品中，可以运用单一的对比，也可运用多种对比。在构图原则中，对比是比较容易掌握的方法，但要注意不能生搬硬套，牵强附会，更不能喧宾夺主。

本章小结

通过本章的学习，可以了解透视原理、构图原则和比例的运用。熟练掌握这些知识，可以为后面的学习和创作打下坚实的基础。

赏析与实训

赏析部分：打开的书与老式电话

作品通过简练流畅的线条和准确到位的透视关系，表现出了书本的厚重感。

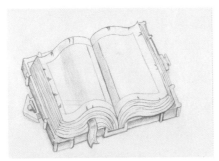 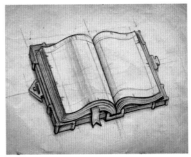

图2-25 打开的书

此作品以细致的明暗层次刻画出了老式电话的质感与体积效果。

图2-26 老式电话

实训部分：案例1——日记本

（1）运用直线概括地画出日记本的基本形态。

图2-27　日记本步骤1

（2）画出日记本的透视与细节变化。

图2-28　日记本步骤2

（3）运用明暗绘制出日记本的层次与质感。

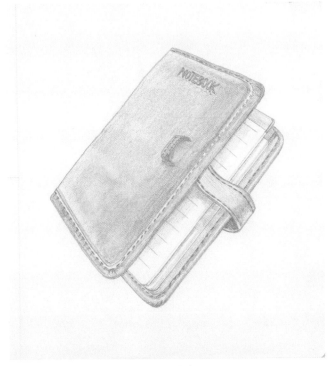

图2-29　日记本步骤3

案例 2——笔记本

（1）运用概括的线条画出笔记本的基本形态。

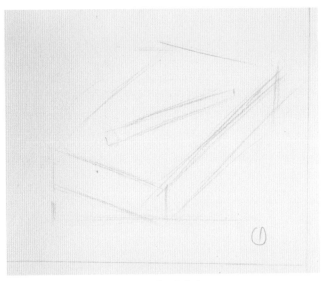

图2-30　笔记本步骤1

（2）详细地绘制出层次变化与整体结构关系。

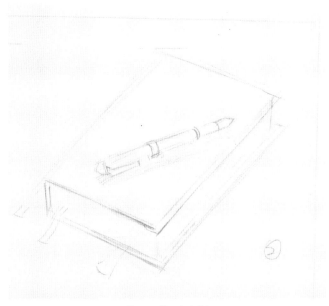

图2-31 笔记本步骤2

（3）绘制明暗层次，重点突出质感。

图2-32 笔记本步骤3

案例3——书本组合

（1）运用线条概括地画出书本的基本形态。

图 2-33　书本步骤1

（2）绘制书本在不同方向所呈现出的透视角度。

图 2-34　书本步骤2

（3）画出书本的细节特征如书侧面的透视角度与书本的厚度层次变化。

图 2-35　书本步骤3

第 3 章　素描的表现方法

学习目标

- 掌握观察客观物象的方法；
- 掌握点、线、面等绘画元素的使用方法。

素描中的"调子"一词是从音乐术语中转借而来的。乐曲调子是由乐曲的音域、节奏等决定的,素描调子则是光照作用的结果。光的强弱、物体的质感以及绘画者与所画物象之间的角度,决定了素描调子的变化。不同的调子,可以给人以强烈、深沉、细腻、含蓄、抒情等不同的视觉感受。图3-1和图3-2所示为素描中的三调子和五调子。

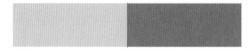

图3-1 三调子

图3-2 五调子

在自然界中,物象的明暗层次非常丰富,要完全表现出物象的所有层次比较困难,因此,在做素描训练时,应当像确定音乐中"do"的音高位置那样,先确定整个画面最暗或最亮处,并对色阶进行大致的排列,明确它们之间的层次和比例关系,然后才可以大胆用笔,把大的明暗关系画出来。大的对比关系正确,进一步细化就容易多了。对所画物象的明暗层次认识不清,把最重的色阶或最亮的色阶画到了不适当的位置,必然会影响画面空间的整体效果,造成"花""乱""灰""脏",从而破坏画面整体的调子,如图3-3和图3-4所示。

图3-3 三调子绘画效果   图3-4 五调子绘画效果

3.1 观察方法

学会观察客观物象,是进入素描学习阶段的第1课,它贯穿于素描训练的全过程。从几何形体到静物,乃至石膏头像的写生,都要在观察后才能起笔。在观察中学习分析、判断和感悟物象的形体、结构、线条、比例、透视以及明暗关系,要基本做到心中有数,这样才能酝酿适当的表现形式和技法,所以,观察方法决定素描的表现方法。实际上,观察的过程是培养眼力的过程,也是训练思维能力的过程。

观察的方法较多,主要包括整体观察、理解观察、立体观察和审美观察。

3.1.1 整体观察

整体性既是画素描的方法，也是素描训练的目的，而整体观察则是整体性观念和整体性技巧的前提，所以在素描第1阶段——观察中就要开始针对整体性的训练。

任何事物都是由多个局部组成整体，整体制约着每个局部。整体和局部缺一不可，没有单纯的整体，也没有孤立的局部，局部组成、完善整体；整体组合、统一局部。因此，在观察中首先要着眼于整体，否则，就会使思维缺乏整体感，在头脑中形成不了一个完整的形象，画面就容易出现造型不准的问题，无法产生完美、统一的效果，所以必须确立整体的观念。即使刻画局部也要在整体框架的制约下进行，把它看成是对整体的完善和充实，这是观察中一个不可背离的原则。

在通常情况下，尤其是初学素描者，总习惯于观察局部，常常局限于细节之中，这种习惯是素描水平难以提高的主要障碍。因此，把局部观察习惯改成整体观察习惯是素描训练过程中要解决的重要问题。

在观察时，要注意保持画架与静物的距离，可眯起眼睛或者退后几步在稍远些的位置看，以减弱对细节的关注，便于把握整体的关系，如图3-5所示。

图3-5 画架与静物保持一定的距离

整体观察和从大体入手是相辅相成的关系，前者是方法，后者是步骤。从大体入手可以保证整体观察的实现，防止因小失大、不分主次、没有重点的弊端。从落笔开始直到调整修改，都要遵循从大体入手这一原则。

有序的作画步骤是有效避免作画过程中出现混乱，顺利完成作业的保证。作画步骤按先后顺序，可以归纳成3个阶段：起稿、深入刻画和调整结束。3个阶段各有其侧重点及需要着重解决的问题，同时它们之间又互相联系、相互渗透、不可分离的。

提示 有些超现实主义素描作品，是以局部推进的方法完成的，虽然没有从大体入手，但对局部的刻画仍是以整体来把握，如图3-6所示。

图3-6 超现实主义素描

从大体入手要找准大的形体。可以按照"先大后小、先长后短、先方后圆"的顺序进行。

"先大后小"是对整体而言的。例如，在画石膏头像时，要先确定整体的比例，然后确定头部的形状，再确定五官的位置。在绘画过程中可以通过铅笔或测量棒来测量对象的比例，如图 3-7 所示。

图3-7 测量对象的比例

提示 在进行比例测量时，一定要将手臂伸直，这样才能保证测量比例的准确性，如图3-8和图3-9所示。

图3-8 竖测法　　　　　　　　　　图3-9 横测法

"先长后短"是运用线条的顺序。线条有曲、直两种，有长短不等的直线组成的转折变化。绘画时，先画长的线段，然后画短的部分。"先方后圆"是指绘制曲线型物体时，先把物体的块面关系画明确些，即先抓住大的形体，然后将其逐渐细化，改成自然形体，如图 3-10 所示。

💡 提示 画曲线时先用直线定出大的转折关系，然后逐渐将其改成较短的直线，最后画成自然形象的曲线，这种方法叫"曲线直画"，如图 3-11 所示。

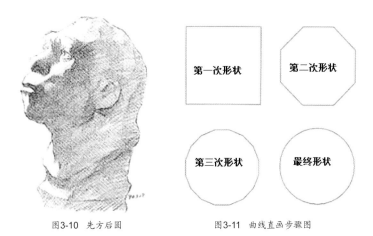

图3-10 先方后圆　　　　　　　图3-11 曲线直画步骤图

3.1.2 理解观察

1. 形体结构

物体表面的一切形式因素，都受形体结构的起伏、转折所制约。结构是本质要素，只有掌握了物象的结构，线条的运用、调子的刻画才会准确。

对结构的概括是一种简化的方法，是对形象要素根据特定需要进行抽取与综合的过程，也是整体观察的具体表现。

要表现好一个物象的形象，首先需要对物象本身有正确的认识，抓住它的本质特征。物象的形象并不等于画面的形象，它提供给人的信息是具体的、零散的和琐碎的，也是多方位的，在观察阶段要对这些信息进行归纳整理，将其概括为绘画所需要的信息。这种概括实际上是对物象的认识，是对其形象特征的把握，同时它也是对画面形象的认识。通过这个过程，有利于更具体、更准确地将设想画面的形象，并且使它与物象基本特征相一致，从而更好地表现物象，如图 3-12 和图 3-13 所示。

图3-12 阿里斯托芬像　　　　图3-13 素描效果

理解观察是相互比较的观察方式,凡是与造型相关的要素,如形体、比例、明暗、透视等,都是相互比较的结果。

■■ 2. 概括特征

在理解过程中,还要学会观察形体,把物象复杂的形体化解为比较单纯的形体,通过概括的方式,用基本形体抽象出物象的基本特征。

概括是一种简化,这种简化不仅是把复杂的物象变得简单,还是在做一种选择。例如,可以把一个苹果概括为倒梯形,把一个梨概括为正梯形,但是真实的苹果和真实的梨都不是梯形,这只是概括所做的一种选择,如图 3-14 和图 3-15 所示。

图3-14 真实场景

图3-15 概括特征

> 提示 简单形体的选择采取了两个原则:一是趋向性原则,即排除细节的干扰,抓住对象形态的本质
> 趋向;二是比较原则。倒梯形和正梯形不仅是苹果和梨的形态趋向,而且也是苹果和梨的比较
> 特征。概括所做的选择实际上代表了整个绘画形态构成的基本原理,因此,概括就是对形象特
> 征的塑造。

通过概括物象的特征,一方面可以做到心中有数,另一方面在开始作画时也不会因物象的复杂和变化而感到束手无策。在具体作画时,尤其是在开始阶段,可以大胆、简练地将物象作为具有明确基本特征的简单图形来对待。作画中的每一次观察都要以概括的方法把握特征,这样,任何一个复杂的形体或复杂的关系在概括观察下都会被有效地简化为简单的形体或简单的关系,如图 3-16 所示。

⌐ 3.1.3 立体观察

素描是造型艺术,它的基本特征就是在二维空间构建物象的立体形象。可以说,立体观察是一种造型意识,是人们认识上的一个深化过程。能够从简单的平面看到结构的转折和线的深度变化,主要依赖于对物象结构的理解和对透视变形的把握等,如图 3-16 所示。

可以用立方体分析关系(假设立方体不透明),在立方体的 6 个面中,只能看到 3 个面,即正面、顶面、侧面,或顶面、两个侧面,如图 3-17 所示。

在素描创作中,既可以通过球体式的观察方式看到正面的多个面,又可以通过理解观察的方法感悟到其他比较复杂的物象,并通过结构的方式表现出来,如图 3-18 所示。

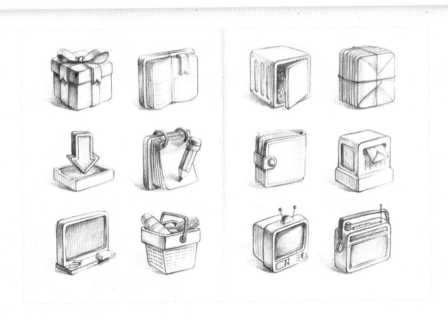

图3-16 设计草图

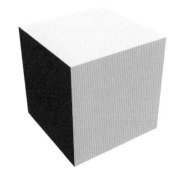

图3-17 立方体的造型

图3-18 立方体的立体结构图

3.1.4 审美观察

　　艺术表现是美术教育基本功训练不可缺少的任务和要求，它渗透在整个训练实践中，甚至在绘画的每一个步骤中。

　　造型与艺术包含两个不同的概念：造型是运用素描的各种基本要素，再现客观物象，仅此不能完美地体现物象的精神面貌，必须用艺术手法赋予客观物象以美感，只有造型与艺术和谐统一，才能产生完美、具有欣赏价值的作品。

　　艺术源于作者的艺术素养和对物象的感受，是对主观世界的一种表达方法，是一种精神活动的表现。如绘画开始，通过观察和分析，研究对象给予的心理感受：形体表现是强烈，还是柔弱；色调是明快，还是深沉等。在感受对象的基础上，分析主次关系、前后虚实关系，由表象的认识上升到理性的把握，才能使画面上的形象具有艺术表现性和艺术感染力。例如图3-19展示了埃舍尔的设计素描。

　　在观察客观物象时，要以一种审美的情趣去欣赏，不要先想如何落笔及怎么画，而是要感受对象，想象对象，感悟对象的全部内涵，这样才会体会到美的所在。

图3-19 埃舍尔设计素描

3.2 绘画中的点、线、面

绘画中的点、线、面和几何学上的点、线、面概念不同。绘画中的点、线、面是构成图画的视觉要素,是绘画和设计的基本语言,也是表现形态的最重要的手段。平面由二维的点、线、面构成;立体由实空间和虚空间的点、线、面构成,如图 3-20 所示。

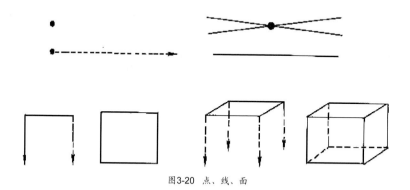

图3-20 点、线、面

3.2.1 点

点在几何学上是没有变化也不能表达情感的最小的形态,它的主要特征在于通过吸引人们的视线导致其心理上的注意。

点的特点是只有位置没有面积。它是一条线的开始或终结,也存在于两条线的交叉处。连续的点会产生线的感觉;点的集合会产生面的感觉;大小不同的点会产生深浅不一的感觉;几个"点"之间会有虚面的效果,如图 3-21 所示。

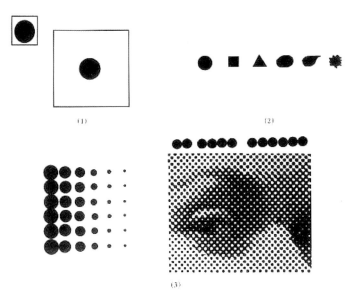

图3-21　点之间的效果

　　点的各种聚散的排列与组合，带给人不同的心理感应。当画面中有一个点时，能吸引人的视线，成为人们注意的焦点；点的水平排列，具有平静安详的感觉；大小各异、高低不同或相同的点的组合，会给人以跳跃、欢快的感受，如图3-22所示。

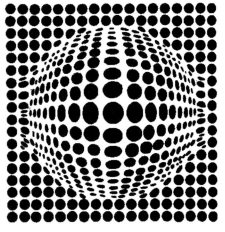

图3-22　点的构成

　　图3-23所示为吴冠中所画的《白桦林》，在密集的树干上布满了大小不一且不规则的点，增加了画面的情趣和生机。

图3-23　吴冠中的《白桦林》

3.2.2 线

线是绘画艺术中的主要造型要素之一。线是最原始的造型要素，是人类为表现物象的固有发现。
在绘画中，不同的线会使观察者产生不同的视觉感受，如图3-24所示。

图3-24 不同的线产生不同的视觉感受

在表现物象时，有时会遇到很多细小的东西，如头发、胡须等，这些又碎又细的发须不可能一根根地画出来，往往用线去约定它们的大致形状——从自然物象提供的无数根线中，用概括的方法，找出主要的线并加以表现。由此可知，素描中的线不是模仿对象，而是为了表现对象所使用的一种手段。图3-25所示为丢勒作品中的头发和胡须的表现效果。

线除了可以用来画出物体的轮廓、分割面积、制造空间以外，还能表达不同的质感和感情，例如直线给人以刚强、肯定、单纯之感；竖线有庄严静穆之感；横线给人以安静平稳、永久之感；曲线给人以优美、流畅、温和、弹性之感。当然，线条在表达感情与个性方面还蕴涵着极其丰富的内容，如虚实、强弱、疾徐、抑扬顿挫、通塞、润涩等。在基础训练中，可根据自己对物象的感受寻找适合的表现手法，图3-26所示为安格尔笔下线的表现效果。

图3-25 丢勒《老人头像》

图3-26 安格尔笔下的线条

提示 在素描创作中，线的曲直、粗细、润涩、软硬体现出画家对对象质感、量感的反映。中国历代画家以线为造型最基本的手段，总结出如"十八描"等各种笔墨画法，如图3-27所示。

图3-27 中国古代线的画法"十八描"

在用线表现物象结构时，应注意线的穿插关系。物象的结构关系主要通过线的指示性来完成，例如眼眶与颧骨之间，颧骨与下颌骨之间，头与脖子之间，脖子与肩和胸部之间，上下手臂之间，手与腕之间等。由于视点不同，这些结构之间的外形关系也会产生变化，有时它与外轮廓之间形成非常模糊的关系，很容易产生错误，这时就必须从结构出发，注意利用线的穿插关系来指示出结构的存在，并且要考虑到它们之间的空间方位，用不同的线加以表现，如虚线与实线的恰当结合，如图 3-28 所示。

图3-28 线的虚实结合

线可以表现对象的体积感，有 3 种表现形式：首先是指示性，即线的方向，如透视关系、穿插关系、重叠与覆盖关系等都可以表现出体积效果；其次是线的粗细、虚实等变化；再次是线上附加的线、短线和点等。图 3-29 所示为不同线的效果对比。

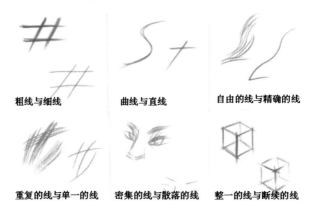

图3-29　不同线的效果对比

　　线可以表现光感，通过线条的轻重对比来实现。例如用较粗较重的线或重复的线来表示阴影，用较细较浅的线来表现光。用线来表现光感的技巧主要在于深浅、粗细线之间的恰当配合，如图 3-30 所示。

　　线可以表现质感。通过线的光滑与粗糙、柔与刚的对比关系来实现。在绘画时，应根据不同物象的具体情况选用适当的线加以表现，如图 3-31 所示。

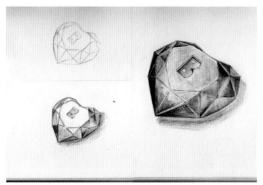

图3-30　素描写实图标

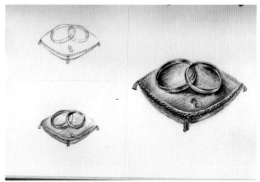

图3-31　素描写实图标

　　在绘画中，不同的绘画材料也会产生不同的线条效果，如图 3-32 所示分别为木炭条、铅笔和炭铅笔绘制的线条效果对比。

图3-32　不同绘画材质料所绘线条的效果对比

线在素描中不仅可以帮助绘画者有效地把握形体,还能对所要表现的物象做出有力的判断。不管采取什么样的方法,素描训练开始都要用线确定所有的关系。用虚构的线寻找构图;用虚的线甚至是多条重复的虚线划分比例、确定位置;用长直线画大的形体关系;用短的直线切出小的结构转折关系;用重的、实的线表现近处和暗部;用轻的、虚的线表现亮部和远处的部分。在素描训练中应通过对线的探索,逐渐认识线在绘画中的作用,并通过线条创造美的造型。

3.2.3 面

面是线连续移动至终结而成的。面有长度和宽度而无深度(厚度),面是体的表面,受线的界定,具有一定的形状。面可分为几何形、有机形、偶然形等。面还有实面与虚面之分,实面是指有明确的形状、能见到的面;虚面是指不真实存在,但能被感觉到的面,是由点和线的密集所形成的,如图3-33所示。

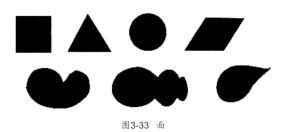

图3-33 面

物象形体上的面,是由物象自身结构特征所决定的。识别形体面的构成和转折,首先要对形体面的结构有正确的认识、分析和理解。

体是由多个面组成的,观察某物体上某一部分的体积,需要分析这个体积由哪些面组成,其转折在哪里。在此幅写实图标作品中只有黑、白、灰3种用大块的面组成的形体,却足以产生体的美感,如图3-34所示。

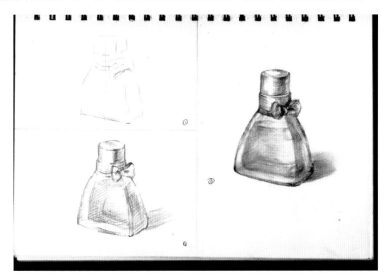

图3-34 素描写实图标

本章小结

通过本章的学习,读者可以了解到素描的表现方法中的一些相关知识,包括素描创作中的观察方法和绘画的点、线、面元素的使用,为后面的学习和创作打下坚实的基础。

赏析与实训

赏析部分：灯、老鹰、水杯

此图运用明暗细节较好地表现出了灯的质感。

图3-35 造型设计

此图运用不同的笔触与色块效果成功地表现出了老鹰的毛发效果与神态。

图3-36 造型设计

此图对透明的玻璃杯子进行了详细的层次感刻画，使杯子的质感得以充分的表现。

图3-37　造型设计表现

实训部分：案例 1——杯子

（1）运用线条概括地画出杯子的基本轮廓。

图3-38　杯子步骤1

（2）画出杯子的透视与造型细节。

图3-39　杯子步骤2

（3）深入刻画杯子的明暗层次与立体效果。

图3-40　杯子步骤3

案例 2——美丽的陶罐

（1）运用线条概括画出陶罐的形态与大小比例关系。

图3-41 陶罐步骤1

（2）进一步明确各陶罐的形态与造型细节。

图3-42 陶罐步骤2

（3）为陶罐添加装饰图案并画出图案的透视变化。

图3-43　陶罐步骤3

第 4 章　结构素描和明暗素描

学习目标

- 了解结构素描的概念；
- 掌握立方体造型步骤（结构素描）；
- 掌握圆柱体造型步骤（结构素描）；
- 了解明暗素描的概念；
- 掌握球体造型步骤（明暗素描）；
- 掌握圆柱体造型步骤（明暗素描）；
- 掌握穿插体造型步骤（明暗素描）。

　　有了光照的作用，人们才能通过视觉感受到自然界中五颜六色、千姿百态的形体物象，感受到由此产生的明暗阴影、空间效果。在光的作用下呈现出的明暗效果是初学绘画者必须认真研究的重要造型因素之一。

　　在素描训练中，研究明暗关系是为了获得物象在平面上所产生的立体的、更加直观的视觉效果，并借助明暗不同的色阶层次反映光影的变化规律，使物体与其他视域内的物体及背景的前后关系显示出来，给人一种较强的空间效果。用明暗的方法研究物象的范围较广泛、全面，除色彩之外，还可以研究物象的质感、量感、空间感等。掌握明暗的方法，对整个绘画活动及选学任何画种（包括艺术设计）都是非常必要的。图4-1所示为光影在素描中表现出的明暗效果。

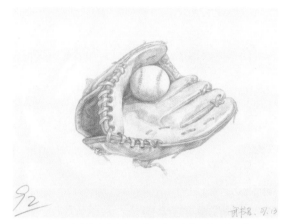

图4-1　素描中的光影表现替换为设计素描中的光影表

　　明和暗是物体受光照后所表现的基本特征，也是光照物体后产生的必然现象。由于物体的固有颜色不同、质感不同和所处环境不同，产生的视觉效果也不同。观察一个单一光源照射的石膏球体，亮的部分有一个过渡层（中间色），由亮部转向暗部是球体最暗的地方（明暗交界线），暗部受环境光的反射影响颜色稍亮的部分（反光）以及和暗部连接的投影，这就是素描中常提到的亮部、中间色、明暗交界线、反光、投影5个色阶层次（通常称五调子），如图4-2所示。

　　实际上物体的色阶层次是非常复杂的，画家把光照物体后形成的明暗规律概括为5个色阶层次，为的是便于理解和认识，也便于表现物体。某些物体的质地比较光滑（如瓷器和玻璃器皿），其亮部往往出现形状比较肯定的高光点，这是物体对光源的直接反射造成的，若能处理好高光，物体的质感就容易表现出来，如图4-3所示。

图4-2　球体的明暗层次

图4-3　瓷器的明暗层次

4.1　结构素描

结构素描，又称"形体素描"，这种素描的特点是以线条为主要表现手段，不施明暗，没有光影变化，只强调突出物象的结构特征。

4.1.1　结构素描的概念

"结构"是建筑行业的术语，指建筑物承担力或外力部分的构造。"素描的结构"是指物体各个部分的搭配和排列，是物体外形的骨架，是本质因素的组成部分。

传统素描概念早在西方文艺复兴时期就已基本确立，而结构素描的起源相对较晚，直到 1919 年德国包豪斯学校开设了结构素描课程，结构素描的理念才正式被提出来，并且在教学的实践中日益显现出它的开拓性和重要性。结构素描于 20 世纪 80 年代引入我国，直到 90 年代才真正开始深入到学院素描的教学体系之中。

结构素描，以理解和表达物体自身的结构本质为目的，结构素描的观察常和测量与推理结合起来，透视原理的运用自始至终贯穿在观察的过程中，而不仅仅注重于直观的方式。这种表现方法比较理性，可以忽视对象的光影、质感、体量和明暗等外在因素，如图 4-4 所示。

由于结构素描以理解、剖析结构为最终目的，因此简洁明了的线条是它经常采用的表现手段。结构素描画面上的空间实际上是对三维空间意识的理解，所以结构素描要求画者具备很强的三维空间想象能力。结构素描要求把客观对象想象成透明体，把物体自身的前与后、外与里的结构表达出来，这实际上就是在培养画者对三维空间的想象力和把握能力。在形象的细节表现方面，结构素描所要表现的是对象的结构关系，要说明形体的构成形态是什么，它的局部或部件是通过什么方式组合成一个整体的。为了在画面上说明这个基本问题，就要排除某些细节的干扰，如图 4-5 所示。

图4-4　结构素描

图4-5　结构素描的空间表现

物体的结构有两种类型：

(1) "骨架型"结构，这种物体是变化、生长、运动的，如人物、动物、植物等。对"骨架型"结构的分析、辨认的难度较大，不能只观察外部轮廓变化，而应重点分析结构部分的比例，如图 4-6 所示。

(2) "积量型"结构，就是物体自身体积所呈现出来的结构形式，这种物体是实体构成的，是不变、稳定的，如器具、机械等。积量型结构的剖析将使画者在把握整体关系的基础上，明确各部分组织的几何构造及其特征，通过物象构造的起伏变化关系来表现形体积量。运用"结构线"的方法来认识千变万化的物象结构，可以帮助画者更好地观察和把握形体的结构。同时，由于"结构线"表现了特定的空间和透视关系，因而具有"深度"的性质。注意到这种空间变化时，就能感受到物体的实在积量，然后利用轮廓线、辅助线、结构线就能辨识物体的结构，如图 4-7 所示。

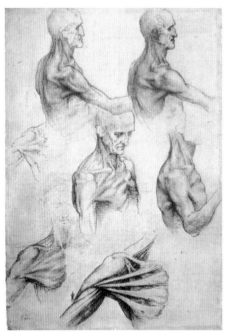

图4-6 骨架型结构

图4-7 积量型结构

4.1.2 结构素描的表现

结构素描是设计教学中的一门重要课程，是培养学生造型能力和设计思维能力的基础。对于初学者来说，学习结构素描的关键在于理解对象的结构，画准对象的造型。一般要从基本几何形体练起。

常见的几何形体有立方体、柱体、锥体、穿插体等，图4-8所示为常见的几何形体。

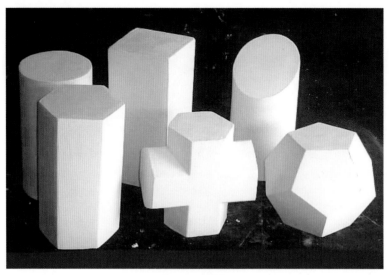

图4-8 几何形体

几何形体是结构素描训练的起始课程，主要是因为：

（1）几何形体比较简单、明了，规则的结构便于把握，其外形也比较单纯，易于记忆。

（2）在素描写生中，很多造型的形体都可以通过几何形体加以概括，这对初步掌握通过外形理解结构特点的规律十分有利。

（3）法国著名画家塞尚认为"自然界的万物都可以用圆柱体、锥体和球体来表现"，由此可见几何形体是所有形体中最基本的形状。

为了能够由表及里地感悟到物象的本质结构，就需要将复杂的物体单纯化，在准确地完成或结构的表现后，再将单纯的形状复杂化，这是结构素描中最基本的原理，也就是说，任何复杂的形体结构都可以用方、圆等几何体加以概括，如图4-9所示为将大小不同的圆、方形几何体进行连接而得到的瓶子的结构素描。

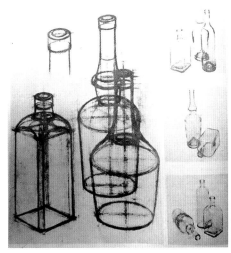

图4-9　瑞士巴塞尔学院 瓶子结构素描

1. 立方体造型步骤

（1）**观察**。立方体的结构特征是：长、宽、高三度空间比较明显，6个面都相等，对应面都平行。由于透视的原因，面和延伸的边都会产生缩形和变短的视觉差，如图4-10所示。

（2）**定点构图**。确定立方体在画面中的位置，先用短直线确定立方体高点和低点的位置，然后测量出立方体宽与高的比例，用直线画出左右宽点位置。上下两条平行线和左右两条垂直线，大体确定了立方体的大小和位置，如图4-11所示。

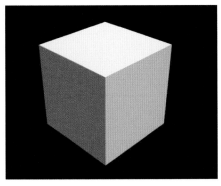

图4-10　立方体

图4-11　定点构图

提示 根据作者以往的经验，有一种构图形态经营位置线，可供大家参考。方法是：将横式或竖式画面的长、宽分别 3 等分，并画线呈井字形，将主体形态重心安排在左或右边的井字交叉线上。另外，形态朝向的空间要比背对的空间略大一点，面朝光线的一面空间要比背光的空间略大一点，形态下方空间要适当比上方空间稍大一点。按照如上方法，通常可得到较为美观的构图，如图 4-12 所示。

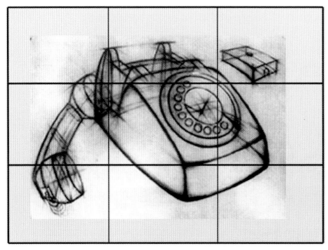
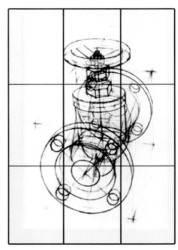

图4-12 构图的位置

（3）**起轮廓**。根据从整体到局部、从外轮廓到内轮廓的原理，画出立方体的结构。先画上下倾斜边线，然后找出中间顶角位置，标记一个点。这个点将立方体最高点与最低点的垂线，最左端与最右端的水平线按比例原则分割成上下两段和左右两段，如图 4-13 所示。

通过这个点画一条垂直线与底边相交，再画出左右两个邻边，并调整各个顶角的位置，如图 4-14 所示。

（4）**深化并调整形体**。要表现出立方体的前后空间、内在轮廓、转折，就必须把看不见的部分也表现出来，要运用穿透法画出立方体所有客观存在的轮廓线。对画面进行整体观察：检查比例、透视、结构是否准确，对不足之处进行修改。在线条的运用上要注意：主要的、前面的轮廓线要重、实；次要的、后面的线要轻、虚，如图 4-15 所示。

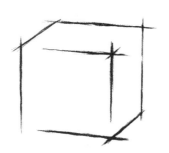

图4-13 确定中间顶角位置　　　图4-14 调整各个顶角的位置　　　图4-15 深化并调整形体

提示 所谓"穿透法"是指把物体视为透明，打破视觉的局限，既能让观者看见物体前部的结构，又能看见物体后部的结构，这种方法广泛运用于设计制图中。

2. 圆柱体造型步骤

（1）**观察。**圆柱体的结构特征是：上下两个面是平行且相等的圆形面，侧面的横向转折是沿上下两个圆面边缘的过渡，纵向是直线的连接，如图4-16所示。

💡 提示　也可以将圆柱设想为方柱体的变形，在方柱体的上下面画出内接圆。

（2）**定点构图。**确定圆柱体在画面中的位置，先用短直线确定立方体高点和低点的位置，然后测量出立方体宽与高的比例，用直线画出左右宽点位置，上下两条平行线和左右两条垂直线。大体构成了圆柱体的外形，如图4-17所示。

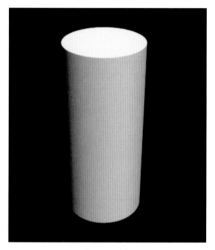

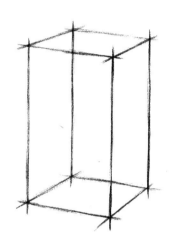

图4-16　圆柱体　　　　　　　　　　　　　　　图4-17　定点构图

（3）**起轮廓。**在立方体的上下面分别画出两个椭圆，使椭圆与立方体上下面的各边中点相切，如图4-18所示。确定圆心的位置，通过圆心画出圆柱中轴线，然后画出圆柱两侧对称的垂直线，如图4-19所示。

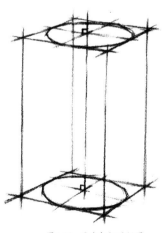

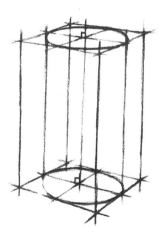

图4-18　画出相切的椭圆　　　　　　　　　　图4-19　完成轮廓

（4）**调整统一。**对画面进行整体观察，检查比例、透视、结构是否准确，并对不足之处进行修改。

4.2 明暗素描

从观赏者的角度看，如果以骨架来形容结构素描，那么明暗素描相当于给骨架蒙上皮肤，不过画家们的理解可能更为精妙，他们认为是在骨架上添加了血肉肌肤（形成结果）而光的明暗恰是形体在光照下的表现。

4.2.1 明暗素描的概念

明暗素描是指通过光与影在物体上的变化，体现对象丰富的明暗层次。

1. 光影与明暗

明暗素描中使用的光影方法就是平常所说的明暗法，也是文艺复兴的科学精神与人文精神作用下形成的西方近代绘画的基础。在中世纪，学术和艺术都是为宗教服务并受宗教制约的，用宗教的态度对待绘画，就会无形中限制绘画中科学因素的发展。透视法和光影法都有可能与宗教内容产生抵触，而这正是文艺复兴在绘画上的突破。

文艺复兴时期的绘画中，即使是宗教人物也已经有了现实中人物的特征，这在很大程度上是受到了科学明暗法的影响。之后的西方近代绘画，不管哪个风格流派，都没有摆脱光影法的影响，即使是可视为现代绘画先驱的印象派，也是以对光影的极端探求为起点的。图4-20所示为印象派大师雷诺阿作品中光影效果的表现。

光影法经过几百年的实践，已经具备了明确的视觉原则和完备的绘画体系。有了这些，就可以顺理成章地从科学的角度掌握光影法的技巧。图4-21所示为光影法在素描石膏像中的表现。

没有光线，就无法观察周围的

图4-20 雷诺阿《母与子》

图4-21 素描石膏像

物象，因此光线是产生视觉形象之源。光源有自然光源和人造光源之分，不同光源有不同的照度。由于光的照射，在物体上会产生受光和背光两个部分，这就是构成明暗的因素，如图4-22所示。

图4-22 自然光源的明暗效果

提示 由图 4-22 可以观察到，受光面结构清晰，背光面比较模糊；物体离光源近时显得亮，离光源远时显得暗。所以，物体的明暗程度与光源强弱成正比，与距离远近成反比。

在明暗素描中，形象主要是通过明暗差别形成的，颜色最深的区域和无色（白纸）之间，可以排出一个明度序列，这个序列可以塑造出不同的形体和不同的明暗效果，如图 4-23 所示。

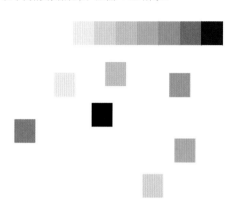

图4-23 明度序列

除了形状之外，各种物体的质地也有较大的差别。较大的色阶适于表现有棱角、粗糙、转折明显的光线效果；较小的色阶适于表现细腻、圆滑、光感柔和的物体，如图 4-24 和图 4-25 所示。

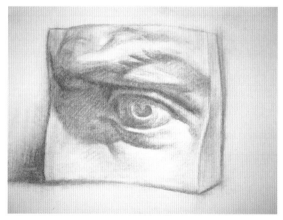

图4-24 较大色阶的表现效果

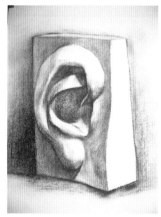

图4-25 较小色阶的表现效果

总之，明暗是构成视觉表现形式的重要因素，对物象的表现力和提高造型的艺术性具有较强的作用。一个物体的形象呈现，无非是这些关系的不同组合：明暗度的强对比与实相结合；明暗度的弱对比与实相结合；明暗度的强对比与虚相结合；明暗度的弱对比与虚相结合。不同的组合表现出不同的效果，如图 4-26 所示。

2. 三大面五调子

物体在光的照射下会产生明暗变化，艺术家们根据这种现象，在实际绘画中不断地积累经验并不断地探索原理，归纳出"三大面五调子"，使明暗关系更条理化、具体化。

图4-26　素描光影组合效果

　　所谓"三大面"就是物体在光的照射下产生明（白）、暗（黑）两个部分，由明向暗推移是渐变的，中间有一个过渡区，是一个介于黑和白之间的灰色调，物体上的黑、白、灰三大面产生了色度上层次的变化。"三大面"也称为画面的三大要素，如图 4-27 所示。

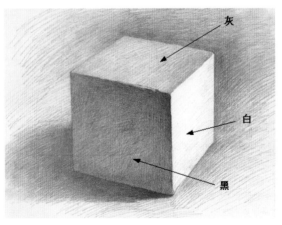

灰

白

黑

图4-27　三大面

　　所谓"五调子"就是在三大面的基础上对黑、白、灰层次的进一步细化，由亮面、灰面、反光、投影和明暗交界线组成，如图 4-28 所示。

　　提示　画家们对五调子的解释不一，有的在亮面中分出高光调子，有的把明暗交界线叫"暗部"，各种解释虽然不同，但基本都符合明暗关系变化规律。

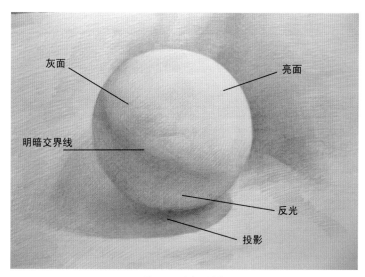

图4-28　明暗五调子

（1）**亮面**：是光源直接照射的部分，即受光面，它常常是物体受光部分结构的转折点。

（2）**灰面**：灰面的物体既不受光，也不背光，这部分有稍明稍暗的特征，但明不会超过亮部，暗不会超过暗部。这部分在物体中所占面积较大，调子层次也更复杂。

（3）**明暗交界线**：由亮部向暗部转折的部分。"明暗交界线"不能简单地理解为是一条较暗的线，它有宽窄、浓淡、虚实、刚柔等变化，其特点由光源的强弱和物象的形体特征、质地所决定。绘画时应该非常重视明暗交界线的变化，因为它在造型中起着非常重要的作用。明暗交界线是区别物象面的不同朝向和起伏特征的重要标志。

（4）**反光**：暗部与反光是一个整体，反光部分很自然地统一在暗部，过亮或过暗的反光都会影响到对物象体积和空间的塑造，画得过亮，则会与亮部的中间色重复，显得孤立、突兀，影响整体色调的统一。

（5）**投影**：是物体受光后投射的影子，它取决于物象的基本形体，并且受环境或物体质地的影响。素描中反映的投影，是一种浓或淡、清楚或模糊的视觉感受。在塑造物体的体积感和空间感时，投影具有重要的作用。在素描训练中应特别注意把握投影的形状变化及其虚实关系。

画准物象上亮、灰、暗3个层次的调子，物象的形态就会显示出来，就能产生体积感；加上暗部反光，就产生了立体感；通过投影的描绘，产生真实感；加上亮部就更能表现出物体的质感，如图4-29～图4-31所示为立方体、圆柱体和圆锥体的五调子变化。

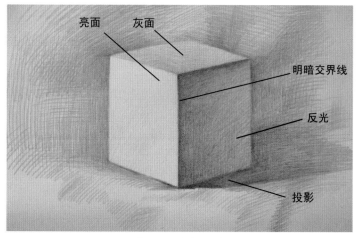

图4-29　立方体五调子

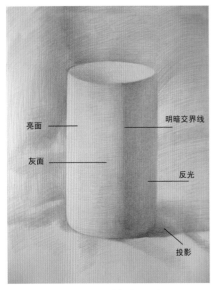

图4-30 圆柱体五调子

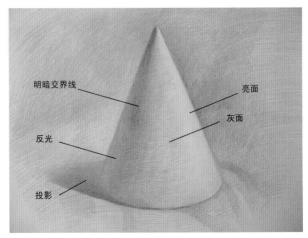

图4-31 圆锥体五调子

4.2.2 明暗素描的表现

1. 球体写生步骤

(1) 由图 4-32 可以观察出，球体的结构是由圆心到球体边缘任一位置距离相等，可以通过正方形来创建形状。

图4-32 球体

(2) 画一个正方形，将其中轴线和对角线画出，然后运用切角的方法将球体的外形画出，如图 4-33 所示。

(3) 确定明暗交界线和投影的形体，从明暗交界线入手，把受光面和背光面区别开来，如图 4-34 所示。

(4) 把球体暗部和投影加重，加入少量灰色调子进行衔接，如图 4-35 所示。

(5) 深入刻画出黑、白、灰的层次关系，使体积感和质感更加强烈，然后做整体调整，如图 4-36 所示。

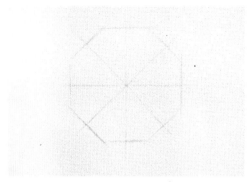

图4-33 画出正方形并切角

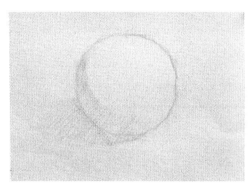

图4-34 区分背光部和受光部

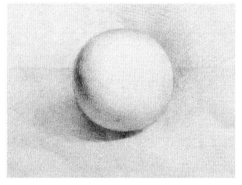

图4-35 加重暗部和投影

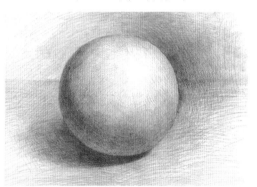

图4-36 调整完成的效果

2. 圆柱体写生步骤

（1）观察圆柱造型，上下两个面是平行、相等的圆，如图 4-37 所示。

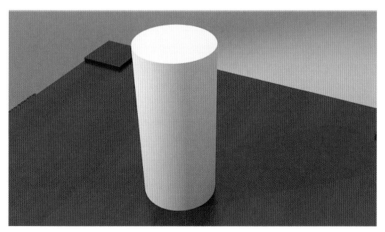

图4-37 圆柱体

（2）用长方形确定圆柱体的宽度、高度，并绘制顶部和底部的圆，如图 4-38 所示。

（3）从明暗交界线开始分出受光面与背光面，找出圆柱体的黑、白、灰部分，如图 4-39 所示。

图4-38 确定圆柱基本形体　　　图4-39 分出圆柱体的黑、白、灰部分

（4）深入刻画。从明暗交界线开始，主体和背景调子逐步深入，如图 4-40 所示。

（5）继续调整直至完成，使画面统一，虚实对比强烈，黑、白、灰关系明确，如图 4-41 所示。

图4-40 深入刻画　　　　　　图4-41 调整完成

3. 圆锥穿插体写生步骤

（1）由图 4-42 可以观察到，圆锥穿插体是由一个圆柱体和一个圆锥体组成的。

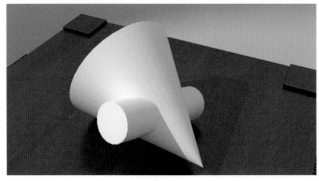

图4-42 圆锥穿插体造型

（2）画出圆柱和圆锥相穿插的基本形体，并标出明暗交界线及投影线，如图 4-43 所示。

（3）通过比较，进一步刻画对象，注意比例、透视关系，然后从明暗交界线处开始把受光面与背光面区分开来，如图 4-44 所示。

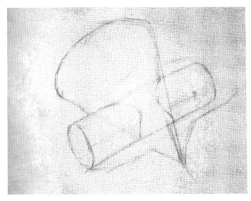

图4-43 画出基本形

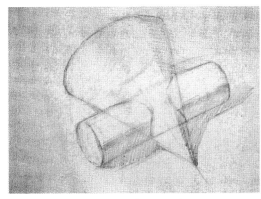

图4-44 区分受光面与背光面

（4）进一步刻画。把大的黑、白、灰层次表现出来，如图 4-45 所示。

（5）深入刻画，调整直至完成，使画面统一，虚实对比强烈，黑、白、灰关系明确，如图 4-46 所示。

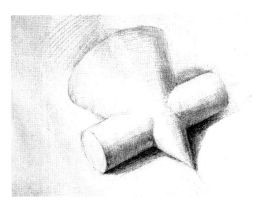

图4-45 进一步刻画

图4-46 调整完成

本章小结

通过本章的学习，读者可以了解结构素描与明暗素描的相关知识，包括结构素描的概念、立方体造型步骤（结构素描）、圆柱体造型步骤（结构素描）、明暗素描概念、球体造型步骤（明暗素描）、圆柱体造型步骤（明暗素描）、穿插体造型步骤（明暗素描），为后面的学习和创作打下坚实的基础。

赏析与实训

赏析部分：牛头骨与图标

此图以准确严谨的造型与明暗层次表现出了牛头骨的坚硬质感。

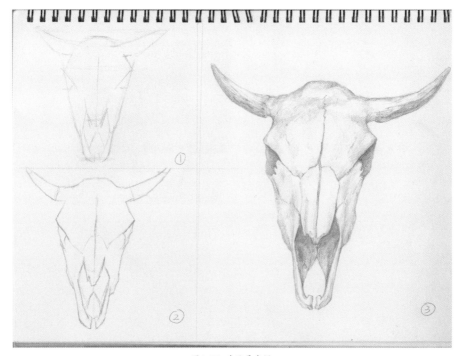

图4-47　牛头骨素描

此图表现出了设计师在创意图标过程中运用概括线条画出各类生活中图形的创意构思能力。

图4-48　图标素描

此图运用娴熟的绘画手法表现了一组写实的素描图标。

图4-49 型的转变

此图中作者熟练地绘制出了不同光影、明暗中的不同质感。

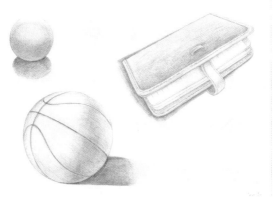

图4-50 型的转变

此图中作者运用不同线条明暗层次变化绘制出了不同质感的物品为图标积累打下了基础。

图4-51 型的转变

实训部分：案例 1——口红

（1）运用概括线条绘制大体轮廓。

图4-52　口红步骤1

（2）绘制出口红的基本明暗效果。

图4-53　口红步骤2

（3）在大致的明暗关系中刻画出不同材质的变化。

图4-54　口红步骤3

案例2——马头

（1）运用大致线条绘制出物体外形轮廓。

图4-55 马头步骤1

（2）细致画出牛头骨的结构转折面。

图4-56 马头步骤2

（3）继续绘制细节区分不同明暗层次与不同质感变化。

图4-57 马头步骤3

案例3——橘子

（1）大致绘制出橘子的基本轮廓。

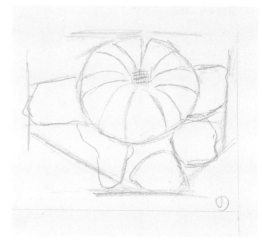

图 4-58　橘子步骤1

（2）运用明暗区分物体亮部和暗部。

图 4-59　橘子步骤2

（3）继续刻画出橘子的立体效果与明暗质感变化。

图4-60　橘子步骤3

第5章　设计中的几何形体与明暗表现

学习目标

- 结构素描写生步骤；
- 明暗素描写生步骤；
- 掌握单个静物写生的方法和步骤；
- 掌握静物组合写生的方法和步骤。

任何复杂的形体都可以概括和简化为简单的形体，这是素描的一项重要内容。形体最终可简化为有限的几种几何形体。所以，几何形体可以说是任何复杂形体的基础或雏形，也可以说是最基本的空间框架。素描训练从几何形体开始，可以更准确、更有效地理解和把握最本质的造型要素和最基本的造型语言及造型方法。

对素描训练来说，几何形体至少有两个有意义的特征：一是极端的简化，每一个几何形体都代表一个最基本的形态类型，它们是所有造型的最终归类，如立方体、球体、圆柱体、圆锥体等，它们各自都有不可代替的特性。二是所有复杂的形体都可以由这些几何形体组合或演化而来，例如花瓶的造型就是由不同的圆柱、圆锥和球体组合而成的。

这两个特征就是本章需要了解的基本内容，也是造型初步最本质的内容。它本身还包含了一系列具体的内容：

（1）**透视规律**：一个几何形体最简单的立体造型几乎就是一个透视图。在几何形体中，可以不受视觉和细节的干扰直接去理解透视规律，这在复杂的形体上是很困难的。

（2）**造型关系**：几何形体的简单化与规律化突出了各种形态的造型观念，通过这一点人们可以更确切地把握造型关系。

（3）**明暗规律**：几何形体可以非常典型地显示光线对物体形象的作用，人们可以很容易地、不受干扰地看到光线是怎样通过明暗关系描述一个物体形象的。

（4）**对物体的空间结构的理解**：几何形体的结构线在视觉上是一个透视图，在实质上就是形体对空间的占有，可以通过对几何形体的观察和描绘去体会物体的空间感与结构感，为以后表现较复杂的对象打好基础。

（5）**对素描方法与步骤的初步掌握**：从简单的物体开始，不仅有利于较快地把握对对象的表现，有利于对造型规律的理解，也有利于培养从整体的角度去处理对象的习惯和能力，从而较快地掌握素描的基本方法与步骤，这些都是本章的内容及训练要求。图 5-1 所示为一些基本的几何形体组合写生。

图5-1 董巍《几何形体写生》

5.1　几何形体组合写生步骤

在几何形体组合写生训练中，强调了两种表现方法：结构素描表现方法和明暗素描表现方法。

5.1.1　结构素描表现方法的写生步骤

使用测量和作平面图的方法对各个几何体及其组合方式进行考察，对于单个几何体，就像画三视图那样把它的全貌反映出来，做成草稿，尤其要注意它的比例和尺寸。

几何形体组合结构素描的写生步骤如下：

（1）**观察几何形体**。这里是由一个球体、一个圆柱斜切体、一个长方体锥体的穿插体组成的几何形体组合，如图 5-2 所示。

图5-2　观察几何形体组合

（2）**注意构图**。用长线条勾画出物体的基本形体，形成物体的空间框架（这个框架应是透明的），并检查比例关系、透视关系和相互关系是否准确，如图 5-3 所示。

图5-3　勾画出物体的基本形体

（3）**找到各个物体内部空间框架结构点的确切位置：** 中心点可用对角线的方法找到，其他点则用透视法确定。把这些结构点用稍重的笔触标示出来，不管是看到的还是看不到的都要标示，以组成确定的框架，如图 5-4 所示。

（4）**用稍重的线条连接这些结构点以形成具体结构线，** 看不到或不重要的线条可以轻一些，但是都要画上去。进一步确定物体的结构及透视关系，交代出物体的明暗交界线，如图 5-5 所示。

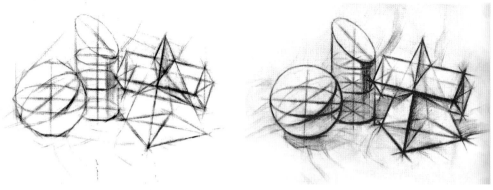

图5-4 确定框架　　　　　　　　　　　　　　　图5-5 确定物体结构

（5）**用虚实结合的线条强化几何形体的结构关系，** 并通过调子强化体积空间，再从整体上进行调整结果，如图 5-6 所示。

图5-6 完成后的效果

5.1.2 明暗素描表现方法的写生步骤

几何形体组合明暗素描表现方法写生步骤如下：

（1）观察场景。这里是由一个球体、一个立方体和一个锥体组成，如图 5-7 所示。

（2）用稍软的铅笔，如 2B，在纸上轻轻勾画出对象的位置，作为构图的一种限制。画出每一个形体的大致轮廓，并借助辅助线确定它们之间的比例、位置及透视关系，如图 5-8 所示。

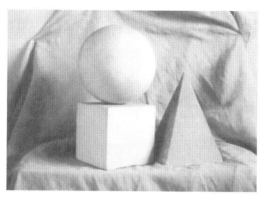

图5-7 观察场景

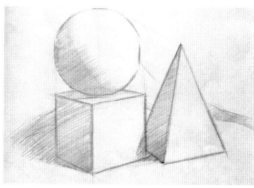

图5-8 画出大致轮廓

（3）画出明显的明暗关系，包括亮与暗的对比及暗部的基本变化，如图 5-9 所示。

图5-9 画出明显的明暗关系

（4）深入刻画，检查明显的明暗关系、虚实关系、体积关系是否合适，并进行适当调整。调整画面的整体关系，在表现形体前后空间虚实关系的同时，力求表现几何体的体积感及石膏几何体与衬布的质感差异。明确刻画黑、白、灰三层色调关系，尤其是灰色调，要随时与暗面、亮面进行对比，注意分寸，不可太过（超过暗面），同时也要与亮面拉开层次。如图 5-10 所示。

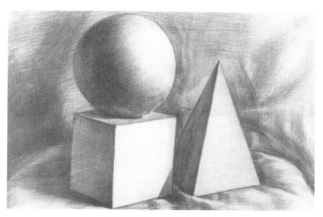

图5-10 深入刻画后的结果

5.2 静物写生步骤

静物是现实中真实存在的实体，具有偶然性和复杂的造型特征，不同于几何体那种典型性、规律性和简洁性的造型特征。例如水果、日用器皿、装饰物品等从造型上而言都没有明确的规则。

5.2.1 静物练习的意义

静物写生是继石膏几何体写生后的一个重要的训练环节，也是由石膏几何体过渡到石膏像和真人头像的必经之路。

静物写生训练的基本要求有以下几点：

（1）理解静物选择与组合的意义和一般规律。在开始训练阶段，静物的选择应是有目的性的，例如在大小、造型、色彩、质地等方面的配合应达到具体课题的要求。组合规律应以形式感和表现性以及构图的要求为原则来选取和组织静物，以便使训练能够循序渐进。图5-11所示为布雷沃的素描写生《静物》。

图5-11 西班牙布雷沃的《静物》

（2）掌握构图的一般规律。主要应加强画面的构成意识，把画面看作一个独立的整体，而不是对象的被动反映，使整个物体在画面构成的原则下统一起来。

（3）掌握各种质感、色感和重量感的表现方法，包括对这些要素进行观察、理解和表现的全过程，并注意把各种要素最后综合为实际物体效果的完整表现。这一要求是静物写生训练的一项重要内容。

（4）注重艺术感的培养。这是一个综合性的要求，主要是指通过完成课题中的每一项具体内容，去体会在表现过程中所获得的各种感受，例如怎样成功地表现了一个物体的质感，在这里有什么收获，理解了哪些，掌握了哪些等。这种体会本身不一定就是一种艺术感受，但艺术感是在对各种体会的积累过程中逐渐形成的，静物组合的丰富性为艺术体会的积累提供了多方面的条件。

1. 构图

静物构图是指静物在画面中的位置安排，也就根据各物体的大小、前后、明暗、高矮、疏密等因素，在画面中对其进行适当的摆放，既有变化又要求和谐，使画面具有形式美感。

根据摆放的静物进行写生构图时，要重新按照一定的原则进行画面组织，一般应注意以下几点：

（1）平衡中求变化。

（2）运用焦点透视的原则，对画面上不同物体的透视进行适当调整。

（3）节奏感、韵律感的把握，也就是主次分明、均衡稳定、黑白有致、疏密相间、虚实有度。

构图的基本要求：

（1）上下、左右位置要适中，不空不满。

（2）物体要有高矮、大小对比。

（3）主次要分明，疏密、远近有变化。

（4）重心要稳，量感要均衡。

（5）色调丰富，黑、白、灰色调明确。

图 5-12 所示为一组静物构图示意。

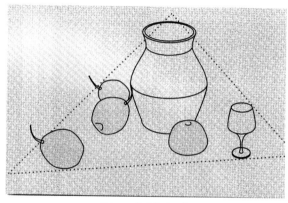

图5-12 静物构图示意

在构图中常遇到的几个问题及其解决方法，如图 5-13 ～图 5-16 所示。

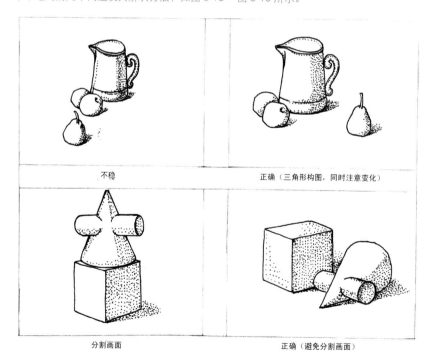

图5-13 构图不稳的解决方法

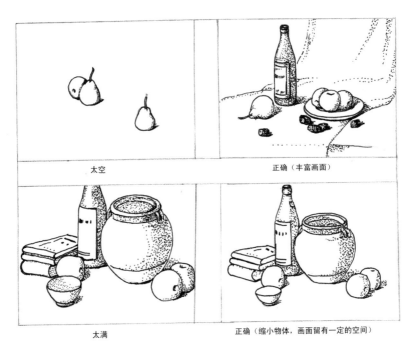

太空　　　　　　　　　　　正确（丰富画面）

太满　　　　　　　　　　　正确（缩小物体，画面留有一定的空间）

图5-14　构图太空或太满

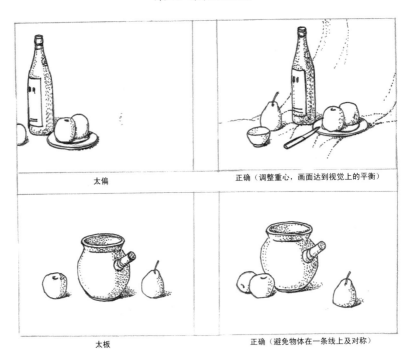

太偏　　　　　　　　　　　正确（调整重心，画面达到视觉上的平衡）

太板　　　　　　　　　　　正确（避免物体在一条线上及对称）

图5-15　构图太偏或太板

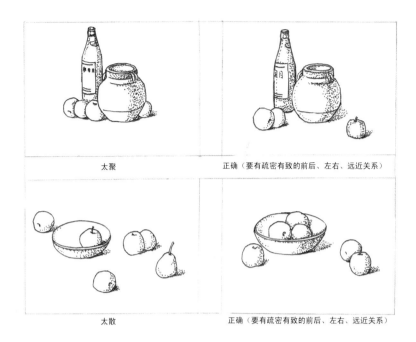

太聚 | 正确（要有疏密有致的前后、左右、远近关系）
太散 | 正确（要有疏密有致的前后、左右、远近关系）

图5-16　构图太聚或太散

2. 质感

　　静物写生除了与石膏几何体写生有共同的要求之外，还涉及对物体的质感、量感、色感的表现。对物体这些属性的充分表现，可以使静物写生更有深度，扩展表现范围，加强对象的表现力，使画面更具丰富性。

　　质感的表现主要取决于物体表面对光的反射情况，物体表面从粗糙到光滑表现为对光线不同反射情况的一个序列变化，把它们视为一个序列，就易于把握质感效果的表现规律。表面的粗糙效果是指物体表面构造对光线的反射是不规则的，如棉布、木制品及石膏制品等，它们的表现效果是所有色阶层次分明且过渡柔和、没有明显的高光点，暗部的反光也不强烈，能够很清晰地反映出物体的结构和造型。例如图 5-17 所表现出的质感。

　　比较光滑的物体表面，如金属制品，其明暗层次比较模糊，过渡虽然柔和但不太均匀，高光有较明显的界线，呈现出一定的形状，反光也较强烈，所以它的造型就没有粗糙表面物体表现得那么清晰和有条理。如图 5-18 展示了光滑表面的质感。

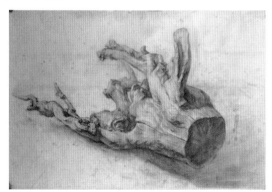

图5-17　粗糙的质感

图5-18　光滑的质感

特别光滑的表面，像陶瓷、电镀的金属器等，则会像镜子一样反射出大量的光线，高光就是光源本身的形状，清晰可见，其他部分的造型被这些反射光线所分解。图 5-19 展示了特别光滑表面的质感。

图5-19 特别光滑表面的质感表现

5.2.2 绘制单个静物

1. 苹果的绘制步骤

苹果写生（结构素描）的具体操作步骤如下：

（1）用短线勾画出苹果的外形及投影，注意其造型变化，如图 5-20 所示。

（2）根据光源和苹果的结构找出明暗交界线，如图 5-21 所示。

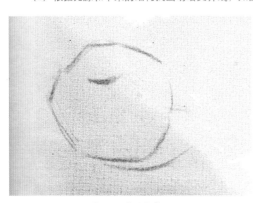

图5-20 勾画轮廓

图5-21 找出明暗交界线

（3）概括出体和面，注意苹果明暗交界线及边缘线的变化，如图 5-22 所示。

（4）强化明暗交界线和苹果底部的线条，突出苹果的体块关系，如图 5-23 所示。

图5-22 概括体和面

图5-23 完成效果

2. 陶罐的绘制步骤

陶罐写生（结构素描）的具体操作步骤如下：

（1）观察陶罐的具体形状，如图 5-24 所示。

（2）将陶罐的大结构和局部结构概括成相应的几何体，如图 5-25 所示。

图5-24 陶罐具体形状

图5-25 概括几何体

（3）研究罐口和罐身的结构，以透视的方法，找出其明暗交界线和部分透视线，如图 5-26 所示。

（4）调整并完成图形，加强线条的力度，并画出内部结构线来增强体积感，注意罐口厚度的表现，如图 5-27 所示。

图5-26 找出明暗交界线和部分透视线

图5-27 完成效果

3. 香蕉的绘制步骤

香蕉写生（明暗素描）的具体操作步骤如下：

（1）观察香蕉的基本造型，如图 5-28 所示。

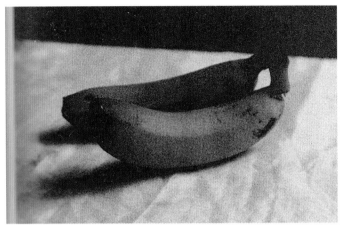

图5-28 香蕉的形状

（2）勾画出香蕉的基本形体，确定明暗交界线和投影，如图 5-29 所示。

（3）从明暗交界线入手，把受光面和背光面区别开，如图 5-30 所示。

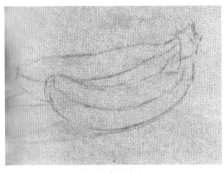 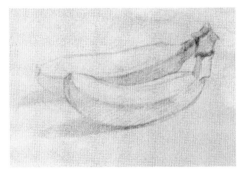

图5-29 勾画基本形体   图5-30 把受光面和背光面区别开

（4）把香蕉暗部和投影加重，注意物体细节的变化，如图 5-31 所示。

（5）深入刻画黑、白、灰层次关系，使体积感和质感更加强烈。调整完成的效果如图 5-32 所示。

图5-31 加重暗部和投影   图5-32 调整完成的效果

4. 图标的绘制步骤

图标写生（明暗素描）的具体操作步骤如下：

（1）观察图标基本形状，如图 5-33 所示。

图5-33 图标基本形状

（2）用长线条勾画出图标的基本形体，在画的过程中注意图标皱褶的穿插和走向，如图 5-34 所示。

（3）从明暗交界线处入手，强化画面大的黑、白、灰层次关系，如图 5-35 所示。

图5-34 勾画基本形体

图5-35 强化层次关系

（4）深入刻画出图标的质感和体积感，丰富中间层次，如图 5-36 所示。

图5-36　丰富中间层次

5.2.3　静物组合的绘制方法

在静物写生前，首先需要对物体从整体到局部，从一般到具体地进行观察和认识，包括整体的安排、比例、色度、明暗关系、对称与均衡关系、质地和表现特征。按照对物体的整体感觉与整体效果的设想把各个要素初步组合成形象，并在这个基础上轻轻地画出基本构图，然后再进行深入刻画。

静物组合写生方法的步骤如下：

（1）观察场景中的形体，例如图 5-37 所示的对象。

图5-37　观察场景

（2）合理安排画面，画出物体的基本形体，分析并表现各个物体的基本造型特征，如图 5-38 所示。

图5-38　表现基本特征

（3）找到明暗交界线，用较淡的色调画出大的明暗关系。注意投影与明暗交界线的位置要准确，并对每一个投影与交界线之间的明暗与虚实关系进行比较，做出调整，如图 5-39 所示。

图5-39　画出大的明暗关系

（4）深入刻画，调整画面的色调，使光感的表现效果更佳，黑、白、灰层次关系更加明确、丰富，增强画面的空间感，如图 5-40 所示。

图5-40　增强画面的空间感

（5）对整个画面进行调整，弱化过于突出的细节，保持整体平衡，对不适当的明暗、色调关系做出大面积的处理，并加强和突出结构部位，调整结果如图5-41所示。

图5-41 调整完成

本章小结

通过本章的学习，读者可以了解到几何形体组合及静物写生，包括结构方法和明暗方法的几何体写生步骤以及单个静物和组合静物的写生步骤，为后面的学习和创作打下坚实的基础。

赏析与实训

赏析部分：设计素描与图标速写

以下二幅设计素描中出色地运用黑、白、灰层次富有创意的表达了作者对于不同空间材质的理解。

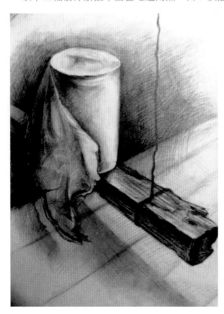

图5-42 设计素描

以下三幅图标速写中作者用写实的手法出色再现了生活中的物品细节。

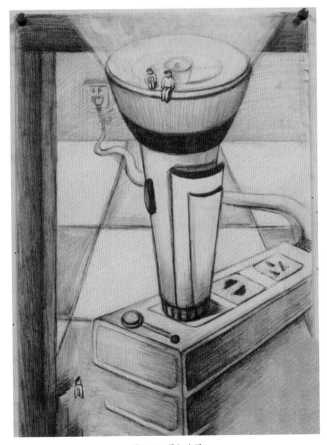

图5-43 图标速写

实训部分：案例 1——篮球

（1）运用线条概括地绘制出篮球的轮廓。

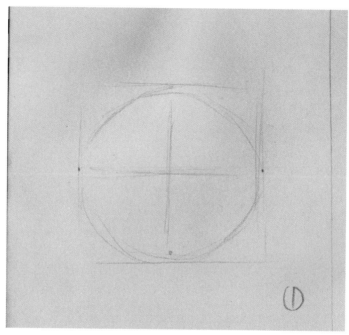

图 5-44　篮球步骤1

（2）画出篮球的亮面与暗面，区分基本明暗关系。

图 5-45　篮球步骤2

（3）深入地画出明暗层次关系并画出篮球中的纹理细节。

图 5-46 篮球步骤3

案例2——手套

（1）运用线条概括地画出手套的基本形态。

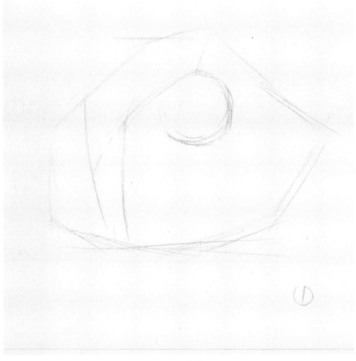

图5-47 手套步骤1

（2）深入地画出手套中的形体细节。

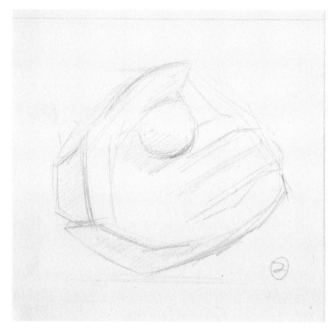

图5-48 手套步骤2

（3）继续深入运用明暗绘制手套的质感变化。

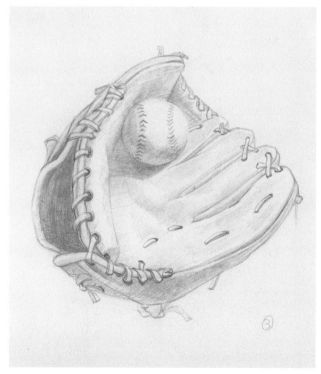

图5-49 手套步骤3

案例3——蜡烛

（1）运用线条概括绘制出蜡烛基本轮廓。

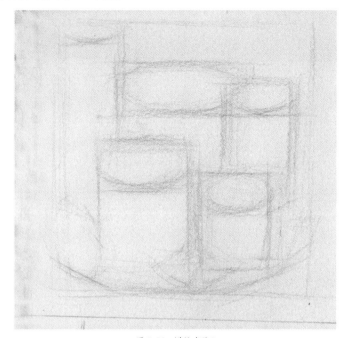

图 5-50　蜡烛步骤1

（2）仔细地绘制出蜡烛的形体与透视关系。

图 5-51　蜡烛步骤2

（3）运用明暗层次深入地刻画出蜡烛的立体效果与质感变化。

图 5-52　蜡烛步骤3

第6章　速　写

学习目标

- 了解速写的概念；
- 了解速写训练的目的；
- 认识速写的工具；
- 掌握速写的造型要素；
- 熟悉速写的表现手法。

速写是一种快速写生的方法，是在极短的时间内，通过观察分析和整理归纳的方法，将对象的形体特征、动态特征简练地描绘下来。速写作画时间较短，表现方法灵活，重在表现人物动作、表情、感人的情景或一瞬即逝的风景的绘画形式。速写训练可以加强造型所需的观察力、表现力、记忆力和概括力，是一种很好的绘画练习方式，如图6-1所示。

图6-1 杜豪勇速写作品

速写是由造型训练走向造型创作的必然途径，同时也是一种独立的艺术，许多著名的画家利用速写作为记录手段，留下了技艺精湛、形象的速写作品，如拉斐尔的速写作品（图6-2）和门采尔的速写作品（图6-3）所示。

图6-2 拉斐尔速写作品

图6-3 门采尔速写作品

6.1 速写的基本知识

6.1.1 速写概述

速写是提高造型综合能力的有效训练方法，是素描教学所提倡的整体意识的应用和发展。速写作画时间较短，主要用于体现对象的活动变化。速写是一种用简化形式综合表现运动物体造型的绘画基础课程，通过速写可以使生活感受和创作思想形象化、具体化，如图6-4所示。

过去，由于人们的偏见，总是把速写作为绘画者深入生活、收集创作素材的一种手段。在西方绘画中，速写也曾经只是画家在勾画创作草稿时的一种记录形式，而不被列入正式的绘画艺术表现形式。大约在18世纪以后，速写独特的绘画效果逐渐被大众接受和认可，逐步确立为一种具有独立审美价值的艺术表现形式。图6-5所示为马蒂斯的速写作品。

图6-4 杜豪勇创作速写

图6-5 马蒂斯速写作品

速写是在短时间内快速概括描绘对象的一种绘画手法，也是培养绘画者形象记忆力与表现能力的一种重要手段。速写具备与用时较长的素描同样的功能，即学习用眼睛观察，用头脑理解，用手表现对象，达到培养和提高造型能力的目的。在速写与素描之间，没有不变的严格界线，广义地讲，素描是在速写基础上的深入化、具体化与完整化，例如图6-6所示的图标素描作品；速写则是素描的高度概括和精练表现，例如图6-7所示的图标速写作品。

尽管在训练功能和表现形式上，速写与素描基本相同，但从造型训练的侧重点上，有着不同的针对性。素描在造型训练中更注重理性，特别是对初学者来说，更注重步骤训练的科学性、严谨性，对每个步骤中外在的、表面的含义进行最本质的理解，这些都需要在素描写生的过程中进行深入探讨和研究。因此，在造型训练中，特别是在学习素描的初级阶段，学生的主要任务是建立起一套科学、严谨的绘画程序，掌握素描造型的基本规律，培养正确的观察方法和表现方法。从这个意义上说，素描不仅仅要训练学生的感觉，而且要加强学生对形体、空间的理解，理性的训练则显得更为重要；而速写却不同，它属于一种短期性的感觉训练。速写中的"速"就是要求写生时，在较短时间的限制下迅速将所要表现的对象记录下来；速写中的"写"则包含"写意""记录"两层含义，如图 6-8 所示。

图6-6 图标速写

图6-7 图标速写

图6-8 图标速写

6.1.2 速写训练的目的

在课堂内的人物、人体速写训练中，绘画者可以接触到各种动态变化中的人体，可以反复观察与研究形体与结构的细节变化，了解人体的运动与变化规律；而日常生活中的场景速写训练则有助于加深绘画者对生活的认识，提高其感受能力、场面组织能力和对素材的归纳整理能力，从而可以使绘画者逐步地、自如地进行人物的"造型"，并将所掌握的知识、经验和技能运用于绘画创作中。

1. 速写的阶段目标

速写训练的初级阶段首先要完成造型训练和观察方法训练。造型训练是指学习造型的基本知识，熟悉形象的主要结构；观察方法训练是指对观察力和反应能力的训练，可以用来提高绘画者把握形象特征、特点的能力。

（1）造型训练。这一阶段的主要任务是通过静物和人物写生，研究形体构成的规律，认识造型的原理，熟悉速写的表现手法和工具的性能。练习的开始可从慢写入手，运用已经掌握的解剖、透视等造型知识，深入研究对象，按照由慢到快、由静到动、由浅入深、由简到繁的原则反复练习。要专门练习全身人物造型的准确性，省略掉其他的绘画因素，着重研究形体比例的关系。初学者往往容易出现把头画小或画大、腿过长、臂过短、头肩不协调等比例严重失调的毛病，可以针对性地就这些关键的部位进行多角度、多侧面的练习，甚至可以进行局部的反复练习，如图 6-9 所示。

图6-9 杨化楠 造型训练

（2）观察方法训练。经过初步的造型基础训练之后，需要解决的另一个问题是对人物神态的捕捉和对人物精神本质的刻画。速写要在很短的时间内，在简单的描画中抓住人物特征和精神实质，这是一个相当有难度的课题。对神态和形体的敏锐把握是速写的最终目的，也是造型训练的具体要求。在对形象神态的把握上要重视感觉的印象以及夸张手法的运用。为了表达对形象的感受，可适当地变形、夸张，将形象的外形特征和精神本质更加鲜明地表现出来，例如图 6-10 所示作品中对人物神态的把握。

图6-10 对人物神态的把握

提示 应该注意，变形、夸张的运用是对感觉的自然反应，如果刻意去追求，甚至模仿，则往往会适得其反。

2. 速写的最终目标

艺术创造是速写的最高境界，但它与速写训练的水平、创作素材的发掘是紧密联系、相互交融的。应该说，作为艺术创造的速写，更强调速写的情感因素，强调速写的表现性，它注重以情作画，以形写神，以意取胜。

速写有一个重要的功能，就是为创作收集素材。素材性的速写，可以是特定题材范围内的形象收集，也可以是生活中的任意记录或旅行的感受、采风的积累。速写练习者就应该随身携带速写本和画笔，利用任何空闲的机会，发现和捕捉任何动人的瞬间，如图6-11和图 6-12 所示。

图6-11 达芬奇的速写作品

图6-12 拉斐尔的速写作品

6.2 速写基础

6.2.1 速写的工具

速写使用的工具是多样的，它不仅包括素描使用的工具，还包括彩色画使用的工具。

单色速写的工具以各种书写笔和画笔为主，绘画者可以根据自己的喜好选择甚至自己动手制作特殊的笔。速写用的笔有铅笔、钢笔、炭笔、炭棒、毛笔、木笔、鹅管笔等；彩色速写练习还可以使用彩色铅笔、水彩、水粉等。速写的用纸比较随便，一般用普通的图画纸或速写本即可。速写的工具非常普遍，可以说凡是能画出痕迹的东西，都可成为速写工具。图 6-13 展示了一些常用的工具。

1. 笔

速写用的笔的选择，主要取决于操作的方便和作品要表达的效果。例如，铅笔可以画出深浅不同的线条，钢笔可以画出流畅和醒目的线条，毛笔可以画出浓淡和粗细的线条。也有人将这些表现特点加以综合而自制一些用笔，木笔、竹笔就是如此。对速写学习者来说，初期可以选用较容易掌握、作画时容易修改的画笔，如铅笔和炭笔。

图6-13 速写使用的工具

铅笔： 能画出粗细浓淡的变化，画面明暗色调柔和，表现力丰富，且可以反复修改，便于携带，大画小画均可使用。铅笔以3B、4B、5B软性为宜，运用起来柔和、自然流畅。线条有粗细、浓淡、虚实之分。在画速写时，线条可以尽量随意，不要经常用橡皮去擦，如果一次画得不准，可以重复画另一条线，这样会使画的形象更丰富、生动。将铅笔芯在砂纸上磨成楔形，可画出较宽的线条，随着笔杆的旋转变化、笔角度的转折和握笔手劲的轻重变化，能产生多变的美妙线条，如图6-14所示。

炭笔： 比铅笔松软，不仅可以描画线条，也可以涂抹调子。通常将笔芯削成较长的锥形，通过笔杆与纸面的角度变化来画出粗细不同的线条。由于炭笔的笔芯松软，作画时可运用手感的轻重来获得线条的虚实变化，如图6-15所示。

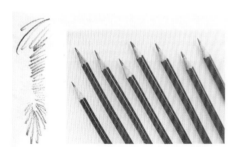

图6-14 铅笔　　　　　　　　　　　　　　　　图6-15 炭笔

钢笔： 用一般的书写钢笔画速写，线条均匀、工整，但缺乏变化。美术用品商店出售的美工钢笔，笔尖加工成弯头形状，通过变换笔杆的角度来获得线条的粗细变化，能表现出十分生动的速写效果。还有一种蘸水钢笔，边蘸墨水边画，能表现出非常独特的线条效果。如图6-16所示为各种钢笔及所绘线条。

图6-16 钢笔

毛笔：是中国传统的绘画工具。毛笔柔软而富有弹性，画出来的线条变化多端，用毛笔画的速写有潇洒流畅的效果。但是，因为毛笔太软，初学者不容易控制好，如图 6-17 所示。

图6-17 毛笔

炭精条：短而粗，形状有方、圆两种。炭精条颜色不多，一般有黑、棕、灰绿等色。炭精条更合适作大幅的速写，铺大块的调子，它可以用各种方法来作画，如作画时削成一个斜面或者尖头状，运用压力或角度的变化，就可画出不同的笔触肌理，结合手指或擦笔，可擦出柔和的灰调，有特殊的艺术效果。图 6-18 所示为炭精条及其绘制的线条。

图6-18 炭精条

2. 纸

任何一种纸都可以用来画速写。选择纸张一般从两方面考虑，一是经济成本，二是绘画效果。最常用的纸是复印纸，价格很便宜，十几块钱就可以买一包 A4 规格的纸，可以用很长时间。如果想追求某种艺术效果，可以选用素描纸或水彩纸，用这两种纸画速写都有比较明显的笔触纹理。另外，使用有颜色的纸来画速写会有一种怀旧的情调。图 6-19 所示为常用的速写本。

图6-19 速写本

6.2.2 速写的造型要素

速写是一门系统、全面地训练绘画综合能力的造型基础课程，以形体、比例、结构、透视等造型基本要素为主要教学内容，学习运用线条、块面、明暗调子等造型手段来表现对象的形状、动态、体积和空间。速写的内容非常广泛，研究对象包括静物、静态人物、动态人物、场景人物、风景等，涉及大部分的造型基本要素，也涉及一些综合性的理论知识，如透视、解剖、绘画美学等。

1. 形体

任何复杂的形体都可以概括为几种基本的几何形体，如立方体、球体、圆柱体、圆锥体等。在观察物象时，应首先注意其整体呈现的基本形。构成物象的基本形不同，物象的形体特征就会不同。基本形是物象的大关系，把握住对象的基本形，就抓住了其主要的形体特征，准确地把握物象的形体特征便奠定了速写造型的基础。如图 6-20 所示为人体的基本形体。

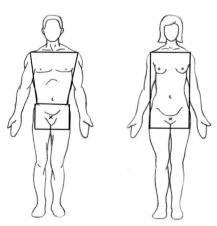

图6-20 人体基本形体

为了便于分析人体运动规律，可将人体概括为"一竖、二横、三体积、四肢"来方便记忆。"一竖"指躯干部的脊柱线，是人体运动时的主要动态线；"二横"是两肩之间的连线和两股骨之间的连线，是躯干连接四肢的纽带；"三体积"是将人体的头部、胸廓、骨盆3部分用简单的3个立方体概括，运动会使"三体积"产生不同的扭转、俯仰和倾斜状态；"四肢"即上肢和下肢，可用8个圆柱体概括，如图6-21所示。

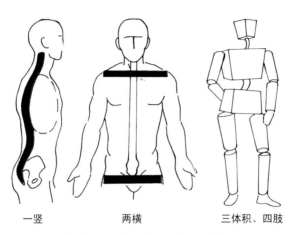

一竖　　　　　　两横　　　　　三体积、四肢

图6-21　"一竖、二横、三体积、四肢"

在速写过程中还要注意人体的重心、重心线和支撑面。重心是人体重量的集中点，静止时人体在脐孔稍下的位置处，重心不是固定的，会随人体姿态变化而移动。重心线是由重心向地面引出的一条垂线。支撑面是支撑人体重量的面。人体由于重心、重心线、支撑面的变化而产生不同动态。当人体呈静止状态时，重心线会落在支撑面范围内；大幅度运动时，重心线会超出支撑面，产生不稳定感和运动感，如图6-22所示。

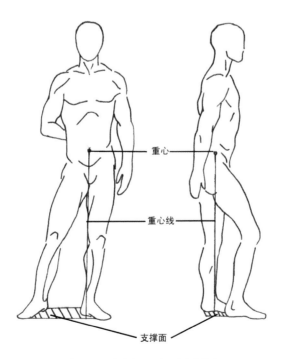

重心

重心线

支撑面

图6-22　人体的重心、重心线和支撑面

2. 结构

结构主要指物象的内部构造和组合关系。形体与结构是外观与内涵的关系。物象各部分的互相连接、穿插、重叠、相离等决定了物象的形体。

以人体为例，骨骼在人体中起着支撑的作用。骨骼的两端通过软骨、韧带或关节连接起来，它们支撑着人体，保护体内的重要器官，并且和肌肉一起作用使人体能够运动。男女有相似的骨骼，如图6-23所示。女性的肋骨架比男性小一些，而骨盆和骶骨宽一些，这是对人体外部造型和动作过程最有影响的部分。

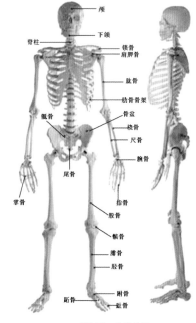

图6-23　人体骨骼

艺用人体解剖有别于医学人体解剖，它着重于对骨骼、关节和肌肉在造型和动态中所起的作用进行深入研究和规律性总结，如图6-24所示。

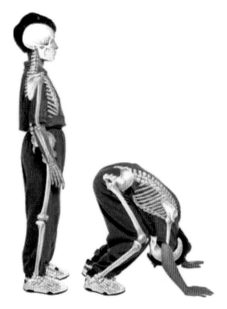

图6-24　骨骼在人体造型和动态中的作用

肌肉直接或间接通过肌腱与骨骼及软骨连接,通过收缩使人体产生运动,肌肉处于拉伸状态和放松状态时,它的表面区别很明显。男女肌肉大体相似见图6-25,但是男性肌肉普遍比女性的发达。

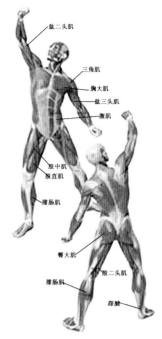

🔔 提示　人体中的骨骼、肌肉名目繁多,不可能也没必要一一熟记。速写学习者只需对那些直接影响到造型和动态的主要骨骼、肌肉有深入的了解,并能在速写中加以体现就足够了。如图6-26展示的人体速写。

图6-25　肌肉结构图

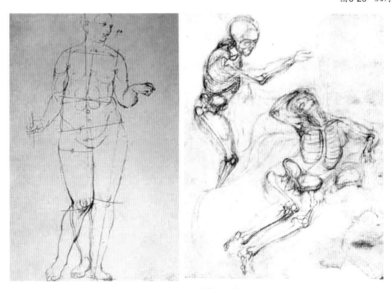

图6-26　艺用解剖学在速写中的运用

3. 比例

比例是指物体间或物体各部分间的大小、长短、高低、多少、宽窄、厚薄、面积诸方面的比较,不同的比例关系形成不同的美感。观察与表现比例关系的方法是:先抓住相比关系因素的两极,再确定中间部分,依次分割下去就可以确定出任何复杂的比例关系。速写的主要对象是人,人体的结构和比例比任何其他物体都要复杂,因此了解人体各部分的比例关系及变化规律对于速写训练来说十分重要。

我国男女人体比例通常以头长为单位，高度为 7 个半头长，人体 1/2 处在耻骨联合部位。躯干为 3 个头长，除头部外，颌底至乳头为 1 个头长，乳头至脐孔为 1 个头长。上肢为 3 个头长，上臂为 4/3 头长，前臂为 1 个头长，手为 2/3 头长。下肢共 4 个头长，大腿为 2 个头长，小腿为 2 个头长。男性肩宽为 2 个头长，腰宽为 1 个头长，臀宽为 3/2 头长，女性肩宽与臀宽大致相等，约为 7/4 头长，如图 6-27 所示。

任何物象的形体都是按一定的比例关系联结起来的，比例变了，物象的形状也就变了。因此，基本比例的错误，必然导致对结构、形体的认识和表现的错误。在速写的起始阶段，比例的意义尤其重要，画面形象的准与不准往往是由比例关系的正确与否所致。

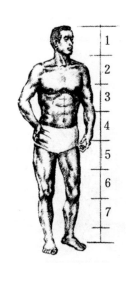
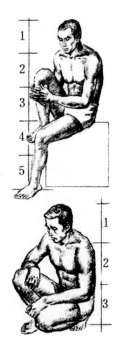

图6-27　人体比例

4. 透视

在现实生活中，人眼观看远近景物的时候会发现：相同的物体由于距离远近的不同，感觉其大小也不同，距离愈近愈大，愈远愈小，直至无限趋近于点消失在地平线上；有规律地排列形成的线条或相互平行的线条，越远越靠拢，最后趋近于一点消失在地平线上；物体的轮廓距离视点越近越清晰，越远越模糊。图 6-28 所示为风景速写中的透视表现（透视的具体内容请参考第 2 章的介绍）。

图6-28　门采尔 风景速写中的透视表现

6.2.3 速写的表现手法

速写要求在较短的时间内画出所需要表现的对象，所以，以线条形式来描绘形象，是速写表现中最直截了当的一种方法。线条除了具有描绘对象形体的功能外，其自身也具有艺术表现功能，它可体现出丰富的内涵，如力量、轻松、凝重、飘逸等美感特征。线造型是速写中最常用的表现形式，除此之外，线面结合也是常见的形式之一。有时在结构转折的位置衬些明暗调子，能增强速写艺术的表现力，使画面变化更加丰富。除以上两种形式外，纯明暗调子的速写比较少见，当然有些画家为了追求自己的艺术风格，也需要做这样形式的探索。

1. 以线条为主的速写

作为绘画形式之一的速写，线条是最主要、最常用的基本手段。线条本身变化多端，它可以长，可以短；可以粗，可以细；可以刚，可以柔；可以曲，可以直。线条本身就可以表现人的内在情绪的波动和感情活动。线的刚柔可以表现物象的硬软，线的强弱可以表现空间的远近，线的疏密可以体现物体之间的层次等。作为物象造型艺术的速写，线的组合，最关键的还是要如何协调地把它们运用在一个物象的表现上。简单地讲，要"以线示体"，即完美的线条可以表达出物象的形态、情绪，而不宜单纯地追求线条表面的流畅或优美。例如图 6-29 所示的毕加索速写的作品。

图6-29 毕加索的速写作品

2. 以明暗为主的速写

运用明暗调子作为表现手段的速写，适用于立体地表现光线照射下物象的形体结构。明暗调子速写的优点是有强烈的明暗对比效果，可以表现微妙的空间关系，有较丰富的色调层次变化，有生动的直觉效果。按照速写的要求，要描绘的明暗色调要比素描简洁得多，所以在运用明暗调子表现形象时，一般只需要其中的亮面、暗面和灰面 3 个主要调子就够了。要注意明暗交界线，并适当减弱中间层次。在以明暗为主的速写中，因为常常省去背景，有些地方仍离不开线的辅助，有些亮面的轮廓线大都是用线来提示的，如图 6-30 所示。

以明暗为主的速写，除了抓住物象的明暗调子这一因素外，还要注意到物象固有色这一因素。初学者在速写时，应该灵活地运用明暗调子关系和物象的固有色。

在以面为主的速写中，是通过运用黑白规律来经营画面的。黑白对比作为一种表现手法，在速写中转化为明暗表现方法，形成独特的审美趣味，所以初学者除了了解明暗规律外，也有必要了解一些黑白配置的比例法则，如图6-31所示。

图6-30　以线条为主的速写　　　　　　　　　　　　　　　　图6-31　以线面结合为主的速写

3. 线条与明暗结合的速写

在线的基础上施以简单的明暗面，以使形体表现得更为充分，这种线条和明暗结合的速写，称为线面结合的速写。线条与明暗结合的速写是综合了线条与明暗两种方法的优点，弥补了两者的不足而形成的一种表现手法，也是一般速写常用的方法，如图6-32所示。

图6-32　线面结合速写

提示　线条与明暗结合的速写形式的优点是比单用线条或明暗更为自由、随意和有变化。线条造型相对于块面造型具有更大的自由和灵活性，适用范围更广泛，它抓形迅速、明确；明暗块面的使用又加强了造型力量，赋予画面变化和生气。每当遇到对象有大块明暗调子时，用明暗方法处理结构和形体的明显之处，再用线条刻画轮廓和结构，在画面中形成线面结合的丰富效果。这种方法不仅适合画人物速写，也适合画风景速写。

6.3 静物速写

静物速写是指速写对象在一段时间内相对静止不动，例如在固定的场景内摆放相对稳定的静物进行绘制。物体静态速写的方法技巧与素描有许多共同之处，有利于初学者理解和掌握。

6.3.1 静物速写的概念与作用

静物速写是速写与素描之间的一个过渡阶段，它是可以在较短时间内完整记录物体形象、具有实用价值的一种绘画形式。静态速写所需要的时间视学生的熟练程度和对象的复杂程度而定，一般情况下可以在1～4个小时内完成包括静物在内的复杂物品的慢写。如图6-33所示为一些静物速写实例。

图6-33 静物速写

静物速写作画方式与素描基本相同，都要经过准备、起草、刻画、完成这几个阶段，所不同的是，静态速写的操作更直接、更简洁。静物速写的起草要求快捷、简练，可以忽略对象的体面和光影。线条不一定非要用直线，可以用弧线和圆形直接表现形体的特征。要以对象的主要部位或部分为依据，先确定这部分，再以此为依据迅速画出其他部分。静物速写的起草阶段更注重整体和结构，甚至可以取消简化辅助线，往往采用大体块的对比关系，强调形体的组织和构成。

6.3.2 静物速写表现要素

静物速写的研究对象是静物在场景中的变化规律，表现的重点是物体的各个关键部位的结构关系，如物品与背景、背景与空间的相互关系。尤其要在速写中注意观察和表现出静物的韵律之美、因静物摆放设计引起的各个物体空间结构的变化和外部形态的特征。

1. 物体形态

物体之间的结构组成的变化，必须准确地表现，对典型的物体特征可以做适当的强调，否则不但会分散注意力和无谓地消耗时间，而且难以画准物体的主要层次，如图6-34所示。

图6-34 UI图标速写

2. 典型特征

物体的特点是静物中最大的形体特点，每个物体都有其典型性，只有抓住了物体的典型特征，加以放大，才会使物体整体的面貌有更深刻的视觉体会与美学价值。如图6-35所示。

图6-35 以线造型为主的设计速写

细节刻画在速写描绘过程中不是从头到尾一味地概括，还要有合理的细节描绘才能算得上佳作。如图6-36所示。

图6-36 细节在图标速写中的体现

本章小结

通过本章的学习，读者可以了解速写的知识，包括速写基本知识、速写基础、静物速写的具体内容，为后面的学习和创作打下坚实的基础。

赏析与实训

赏析部分：生活中的物品速写

此图以概括的手法绘制出了物品的重要特征。

图6-37 细节在图标速写中的体现

此图以线面结合的方式刻画出了物品的细节与质感。

图6-38 细节在图标速写中的体现

此图运用娴熟的线条绘制出了生活中常见的物品。

图6-39 细节在图标速写中的体现

此图运用线、面结合的方式绘制出了易拉罐的立体层次与变化。

图6-40 细节在图标速写中的体现

此图运用线、面结合的速写方式绘制出了物品的立体效果。

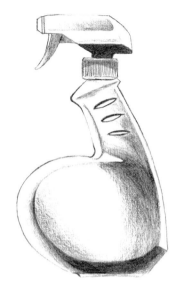

图6-41 小喷壶

运用线、面结合的方式深入地刻画出了花朵的层次与明暗变化。

图6-42 玫瑰花

实训部分：案例 1——苹果

（1）运用弧线与直线概括地画出苹果的基本形态。

图6-43 苹果步骤1

（2）仔细绘制出苹果的形态细节与基本明暗关系。

图 6-44 苹果步骤2

（3）继续深入绘制苹果的明暗质感与变化。

图6-45　苹果步骤3

案例 2——小熊

（1）概括地画出玩具熊的基本形态。

图6-46　小熊步骤1

（2）深入地画出内部的细节。

图 6-47　小熊步骤2

（3）刻画玩具熊的明暗质感与变化。

图6-48　小熊步骤3

案例3——垒球帽

（1）概括地画出头盔的基本形态。

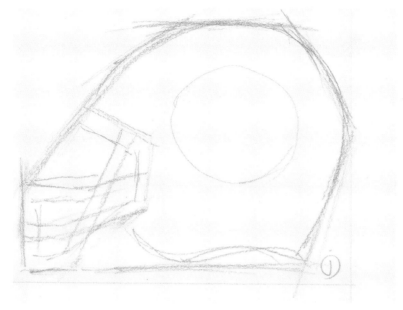

图6-49　垒球帽步骤1

（2）继续深入画出头盔的基本细节。

图6-50　垒球帽步骤2

（3）深入绘制出头盔的明暗变化。

图6-51　垒球帽步骤3

第 7 章　设计色彩应用

学习目标

- 彩色铅笔的介绍与选择；
- 铅笔、消笔刀、橡皮的选择；
- 纸张的选择。

7.1 彩色铅笔的介绍与选择

现在市场上的彩色铅笔品牌众多，根据铅笔的性能、品质和颜色，每个品牌的色铅笔亦有多种选择，下面做具体介绍。

1.彩色铅笔品牌介绍

彩色铅笔有进口的也有国产的，市面上的品牌主要有辉柏嘉、三福、酷喜乐、得韵、中华、智高、马可、利百代等。同一种铅笔又分 12 色、24 色、36 色、48 色、72 色、120 色、150 色等。根据品牌和产地的不同，价格悬殊也相当大。事实上，价格高、颜色多的不一定适合自己，只有适合自己的才是最好的。

不同品牌的相同支数的包装中，铅笔的颜色是不一样的，有的绿色系会多一些，有的蓝色系多一些，可以按自己的喜好进行选择，条件允许的话可以买颜色多的（也推荐懒人购买颜色多的），省去了叠色的麻烦，条件不允许就买 24 色的，之后如果需要其他颜色可以按支购买。

下面介绍一些我们平时会用的彩色铅笔。

（1）辉柏嘉 Faber-Castell

德国的品牌，产品品质优良，主要分红盒、蓝盒和绿盒，其中以绿盒的品质为最高，称为艺术家级。铅笔的软硬度适中、颗粒细腻、颜色鲜艳，无论是刻画细节，还是大面积地上色，表现都非常优秀。图 7-1、图 7-2 分别为辉柏嘉绿盒、粉盒彩色铅笔。

图7-1　辉柏嘉绿盒彩色铅笔　　　　图7-2　辉柏嘉粉盒彩色铅笔

（2）得韵 Derwent

英国产品，品质好，价格较高，彩色铅笔种类非常多，有艺术家、粉彩铅笔、Studio、Colour Soft、Drawing、水溶石墨、水墨、水溶等系列产品。

不同系列产品铅笔的软硬差别很大，可按自己的喜好选择。如喜欢较软、颜色较鲜艳的，那就选择 Colour Soft；如果喜欢刻画细节，就选择 Studio，如图 7-3 所示。

图7-3　得韵Studio彩色铅笔

（3）酷喜乐 KOH－NOOR

捷克产、性价比高，颜色非常鲜艳，易着色，笔芯较软，也有很多系列，其中包括很特别的无木质彩色铅笔。图 7-4 为酷喜乐 KOH-1-NOOR 彩色铅笔。

图7-4　酷喜乐KOH-1-NOOR的彩色铅笔

（4）马可 MARCO

马可的雷诺阿系列很好用，性价比很高，颜色鲜艳，笔芯较软。目前该系列有水溶性与油性两种材质。

图7-5　马可雷诺阿油性彩色铅笔

2.彩色铅笔的选择

彩色铅笔主要分为水溶性彩色铅笔和非水溶性彩色铅笔两种。

（1）**水溶性彩色铅笔**

在不沾水的情况下，水溶性彩色铅笔画出的线条和普通铅笔差不多，但是一沾水就会像水彩一样溶开，所以又称水彩色铅笔。这种笔在市场上很容易买到。

水溶性彩色铅笔有 3 种基本用法：

第1种：

① 用水溶性彩色铅笔直接在纸上绘画，此时与普通彩色铅笔的绘画效果没有区别，如图 7-6 所示。

图7-6　直接在纸上绘画的效果

② 将毛笔蘸水，注意要充分浸润，如图 7-7 所示。

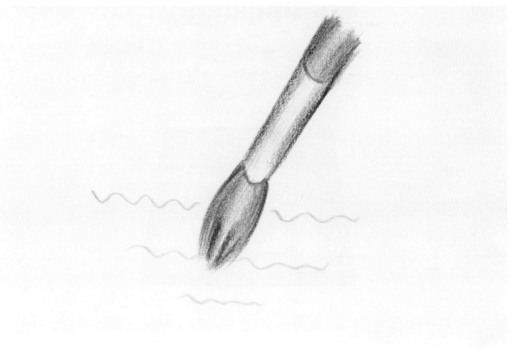

图7-7　毛笔蘸水

③ 在彩色铅笔画过的地方涂抹，将铅笔笔划充分晕染开，如图 7-8 所示。

图7-8 将铅笔笔划晕染开

晕染后的效果很像水彩，色彩明快均匀如图 7-9 所示，本方法适合晕染底色时使用。

图7-9 晕染后的效果

第2种:

① 先将毛笔蘸水,如图7-10所示。

图7-10 毛笔蘸水

② 用蘸过水的毛笔直接在纸上均匀涂抹,如图7-11所示。

图7-11 毛笔在纸上涂抹

③ 用彩色铅笔直接在涂过水的地方画出线条,如图7-12所示。

图7-12 在涂过水的地方绘画

此方法的绘制效果比上一种鲜艳得多, 如图 7-13 所示。本方法适合做细致刻画。

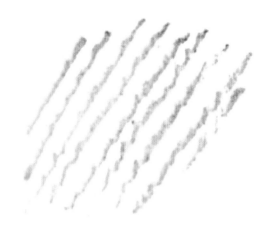

图7-13　绘制效果

第 3 种:

① 彩色铅笔笔尖直接蘸水, 注意不要把笔头全部浸湿, 如图 7-14 所示。

图7-14　笔尖蘸水

② 在纸上直接绘画, 如图 7-15 所示。

此方法得到的笔触效果最鲜艳, 但是不均匀, 如图 7-16 所示。本方法适合画鲜艳的短笔触, 例如, 用白铅笔按照本方法可以画出漂亮的高光。

图7-15　在纸上直接绘画

图7-16 绘制效果

（2）**非水溶性彩色铅笔**

非水溶性彩色铅笔包括油性彩色铅笔和其他彩色铅笔两类。

① 油性彩色铅笔

油性彩色铅笔颜色鲜艳，笔芯较软，含有蜡的成分，画出来的笔触有光泽。不过由于笔芯较软，较不合适用来刻画细节。使用油性铅笔时，用力的轻重对颜色的深浅不会有太大的影响，如果 7-17 所示。

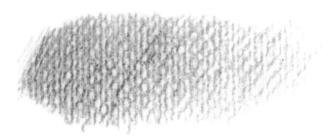

图7-17 油性彩色铅笔效果（轻、重笔触）

② 其他彩色铅笔

根据使用目的的不同，一些铅笔厂商还推出了有特殊用途的铅笔。例如得韵（Derwent）推出的一款 Studio 铅笔，就特别适合画细节，此外，还推出了适合画自然风光的自然系彩色铅笔等，如图 7-18 ～图 7-20 所示。

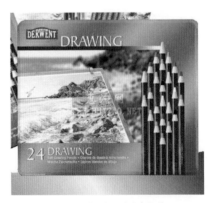

图7-18 得韵自然系彩色铅笔

图7-19 得韵水溶石墨彩色铅笔

图7-20 得韵Studio彩色铅笔

7.2 铅笔、削笔刀、橡皮的选择

要画彩色素描，除了准备彩色铅笔之外，还需要一些其他的工具，如普通铅笔，橡皮，削笔刀等，下面具体介绍。

7.2.1 一般绘图铅笔的选择

可以选择自动铅笔或是木质铅笔。无论是哪种铅笔，建议选择2B以下，最好是HB的，因为颜色太深的铅笔容易弄脏画面和手。

一般来说，自动铅笔选用铅芯直径为0.5或0.7的即可。木质铅笔相较而言不易折断，可根据自己的喜好选择，如图7-21、图7-22所示。

图7-21 木质铅笔

图7-22 自动铅笔

7.2.2 削笔刀的选择

如果选用木质铅笔，则需要配备削笔刀，尽量选用锋利一点的削笔刀，卷笔刀使用比较方便；铅笔刀或美工刀不仅可以用来削铅笔，还可以为炭精条等绘图工具整形。图7-23与图7-24分别为卷笔刀和美工刀。

图7-23 卷笔刀

图7-24 美工刀

7.2.3 橡皮的选择

建议准备两块橡皮，一块软的，一块硬的（见图 7-25），软橡皮（又称可塑橡皮）用于大面积的清除工作，捏成细条或小块的软橡皮可用于细节部分的清理。硬橡皮也可以使用笔形橡皮或者打字橡皮来代替，如图 7-26、图 7-27 所示。

图7-25 4B橡皮   图7-26 笔型橡皮

图7-27 打字橡皮

7.3 彩色素描纸张的选择

适合彩色素描的纸张有：

象牙卡纸：特点是光滑平整，适合画出细腻的作品，纸张颜色微微偏黄，使画面有温馨的感觉。象牙卡纸的纸张较厚，不容易皱，画起来很方便，如图 7-28 所示。

图7-28 象牙卡纸

素描纸：特点是纸面较粗糙（见图 7-29），铅笔画上去会有细纹，但是这些独特的细纹也可以营造出一种特别的效果。缺点就是有时画画会弄皱纸张。

图7-29 素描纸

白色羊皮纸：特点是光滑细腻，有不均匀的底色（见图 7-30），画出来的效果有雅致的感觉。

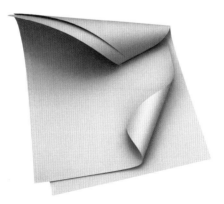

图7-30 白色羊皮纸

A4 打印纸：特点是纸质要比素描纸细腻（见图1-35），铅笔画上去几乎看不到细纹，纸张不易弄皱，绘制彩色素描的效果不是特别好。

总之，建议使用素描纸画彩色素描，效果相对理想。由素描纸装订而成的素描本（见图1-34）便于携带和整理。

本章小结

通过本章的学习，可以了解色彩中绘画工具的具体品牌、种类、性能及在具体环境下的技巧运用。为后面的深入学习起到了很好的铺垫作用。

赏析与实训

赏析部分：生活中的静物

此图运用简单的色彩关系绘制出了较立体的色彩视觉效果。

图7-31 蜜罐

此图较好地表现出了鸟类的色彩形态，色彩运用合理。

图7-32 图标

此图在色彩技法上细致而不失整体效果，较好地表现出了设计包装中的色彩对比感与整体氛围。

图7-33 巧克力糖纸

实训部分：案例——漂亮的罐子

（1）用铅笔轻轻地绘制出基本轮廓。

图7-34 罐子步骤1

（2）运用红色、橙色彩铅绘制基本色彩关系。

图7-35　罐子步骤2

（3）继续深入添加罐子的细节与透明质感。

图7-36　罐子步骤3

第 8 章　彩色铅笔的技法

学习目标

- 了解彩色铅笔的基本画法；
- 了解彩色铅笔基本笔触；
- 了解叠色画法；
- 彩色铅笔的渐变画法；
- 彩色铅笔的一些常用技巧。

8.1 基本画法

8.1.1 基本笔触

1.大面积匀涂

大面积匀涂主要用于大面积地涂抹底色和叠色，是用得最多的笔触之一，有细笔触与粗笔触之分。

细笔触：在画细笔触线条的时候，铅笔要削尖，画的时候笔和纸的角度要大一些，力度上也要大一些，如图8-1、图8-2所示。

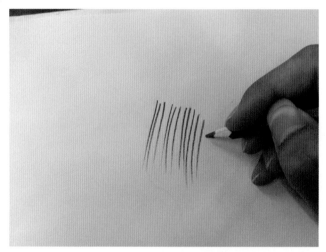

图8-1 细笔触大面积匀涂画法示范

图8-2 换着方向多叠几层

细笔触彩色素描效果如图 8-3 所示。

图8-3　细笔触彩色素描效果

粗笔触：在画粗笔触线条的时候，铅笔不需要削尖，画的时候笔和纸的角度要小一些，力度要匀而轻，如图 8-4、图图 8-5 所示。

图8-4　粗笔触大面积匀涂画法示范

图8-5　换着方向多叠几层

粗笔触彩色素描效果如图 8-6 所示。

图8-6 粗笔触彩色素描效果

2.尖锐刻画笔触

尖锐刻画笔触主要用于勾勒物体的边缘以及画图案时使用，也是常用笔触之一。该笔触的特点是线条两头细而淡，中部粗而深，如图 8-7、图 8-8 所示。

图8-7 尖锐刻画笔触   图8-8 可以先画出一端，然后再画出另一端（小树勾勒示范）

8.1.2 其他笔触

除基本笔触之外，还有一些其他笔触，如点状笔触和乱线笔触等。
点状细笔触的绘画效果如图 8-9 所示。

图8-9 点状细笔触的绘画效果

点状粗笔触的绘画效果如图 8-10 所示。

图8-10 点状粗笔触的绘画效果

乱线笔触的绘画效果如图 8-11 所示。

图8-11 乱线笔触的绘画效果

乱线笔触可用来画乱成团的毛线或者毛绒玩具。

常见的笔触就介绍到这里，在绘画过程中还可根据自己的需求创造出其他笔触。

8.2 叠色画法

叠色就是把两种以上的颜色叠在一起，变成另外一种颜色。叠色也要讲究方法，否则很难叠出满意的颜色。

首先认识美术上的三原色，如图 8-12 所示。

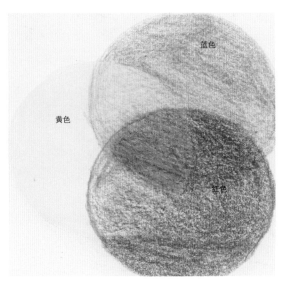

图8-12 三原色

黄红蓝：红＋黄＝橙，红＋黄＋蓝＝黑，黄＋蓝＝绿，红＋蓝＝紫。

美术上的三原色由红、黄、蓝这三种颜色构成。理论上，只要有这 3 种颜色，就可以调出所有颜色，不过实际操作起来有难度。

图 8-13 所示为由这 3 种颜色叠出的一些新的颜色。

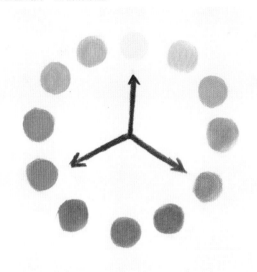

图8-13　由三原色叠出的颜色

黄＋橙＝金黄，橙＋红＝朱红，红＋紫＝紫红，蓝＋紫＝蓝紫，绿＋蓝＝蓝绿。

8.2.1　叠色的基本画法

叠色的基本画法是在纸上匀涂一种颜色，然后在所涂范围内匀涂另一种颜色，得到新的颜色。下面通过一个叠色练习来加深理解。

任意选两支彩色铅笔，如黄色和红色，一支铅笔画出图 8-14 所示，"＋"号左边的图形，另一支在所画图形上面叠加 "＋"号右边的图形，最后得到 "＝"号右边的图形。一条鱼就画完了。

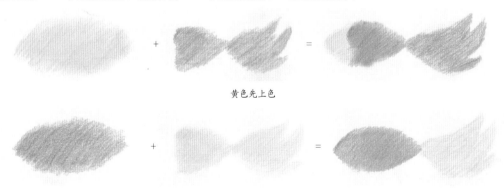

黄色先上色

红色先上色

图8-14　叠色练习

只要铅笔较软，并且颜色鲜艳，上色的顺序不会对叠出的颜色有太大的影响。可以尝试其他叠色，画出各式各样的鱼如图 8-15 所示。

图8-15 叠色练习

8.2.2 渐变的画法

渐变画法的用处很多，基本上每张彩色素描的每个细节都会用到，一定要认真掌握。

画渐变的时候，刚开始笔和纸的角度比较大，这个时候要用力一些，把颜色画深，然后慢慢将笔和纸的角度减小，倾斜下去，力度也逐渐减小，使颜色慢慢变淡，如图8-16所示。

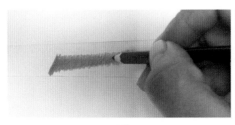

正面   侧面

图8-16 渐变的画法

单色渐变

单色渐变是渐变中最简单的一种，直接用彩铅使用渐变画法即可，如图8-17所示。

图8-17 单色渐变

叠色渐变

叠色渐变经常用到，颜色丰富，画法是把多个单色渐变叠在一起，如图 8-18 所示。

图8-18 叠色渐变

💡提示　对叠色渐变，颜色每深一层，面积要比上一层小一些。

过渡型的多色渐变

多色渐变的每种颜色都保留了一部分原有的颜色，只在渐变末尾部分与其他颜色叠在一起，如图 8-19 所示。

图8-19 多色渐变

多色渐变不仅可以让画面颜色非常丰富，而且多色渐变每种颜色都保留自己的纯度，用这种渐变画法来描绘颜色丰富的物体是非常美妙的，如图8-20所示。

图8-20　颜色丰富的多色渐变

8.3　笔触、叠色及渐变综合练习

前面依次介绍了笔触、叠色和渐变，下面进行一个综合练习——叶片上色，以加强综合应用能力。

画一片层次丰富的叶片，需准备4支绿色铅笔，颜色要由浅到深。

（1）先用浅绿色画出一个不规则的叶片形状，这是叶片的底色，笔触用粗笔触的大面积匀涂画法，如图8-21所示。

图8-21　浅绿色底色

（2）用稍微深一点的绿色在中间画出一条叶脉，如图 8-22 所示。

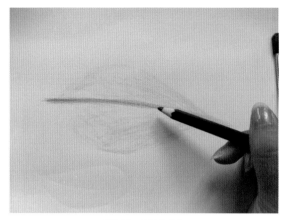

图8-22 画深色叶脉

（3）以叶脉为中心，向叶边画出渐变。渐变的面积是整个叶片的右半边，如图 8-23 所示。

图8-23 画出由叶脉向叶片的渐变

（4）另一边也用相同方法画出，如图 8-24 所示。

图8-24 画另一边的渐变

（5）用翠绿色彩色铅笔重复刚才画渐变的步骤，但渐变面积要比刚才的小一些，大约占每半边叶片的1/2，如图8-25所示。

图8-25 用叠色的画法丰富叶片颜色层次

提示 画左边不顺手的话可以把画倒转过来画。

（6）用深绿色画出最后一层渐变，这一层渐变的范围更小，大约占每半叶片的1/4，如图8-26所示。

图8-26 叠加深绿色渐变

（7）把右半边叶片也涂上深绿色，一片鲜嫩可爱的叶片就画好，如图8-27所示。

图8-27 完成效果

8.4 素描基础在彩色素描中的应用

一些基本的素描知识有助于把彩色素描画得立体、自然。以最常见的球体、立方体和圆柱体为例，周围的物象大多可概括为这3类几何体。

1.球体

例如，可以把猕猴桃想象成一个球体。高光是迎着光源最亮的地方；亮部位于其次，明暗交界线是最暗的地方，比暗部要暗，阴影在背对着光源的地方，并且靠近物体的地方颜色最深，如图8-28所示。

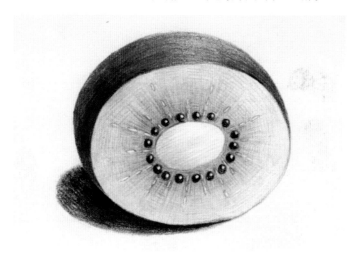

图8-28 将猕猴桃想象成球体，增强立体感

2.立方体

礼物盒的形体可概括为立方体。画立方体的时候最多能看到3个面，接近光源的地方是亮面，最暗的是暗面，阴影紧挨暗面，如图8-29所示。

图8-29 将礼物盒想象成立方体，增强立体感

3.圆柱体

大多数杯子的外形可概括为圆柱体。圆柱体的要素与球体类似，只是所有的涂抹区域大都变成直的了，如图 8-30 所示。

图8-30 将杯子想象成圆柱体，增强立体感

8.5 一些彩色素描的小技巧

除了掌握基本的画法之外，还有一些小技巧可以让彩色素描看起来更加细致生动。下面介绍两个简单易学的小技巧。

8.5.1 白色铅笔留白

用白色铅笔留白的方法如下：

(1) 用白色铅笔在纸上用力画出要留白的细节部分，如图 8-31 所示。注意不要把笔芯弄断了。

图8-31 用白色铅笔在纸上留下痕迹

（2）用其他颜色的铅笔在上面用大面积匀涂的画法来涂抹，白色铅笔画过的痕迹就会显现出来，如图8-32所示。

图8-32　用其他颜色匀涂，白色铅笔痕迹显现

图 8-33 所示为用这种方法画出的朝鲜拉面里的面条。

图8-33　留白的实例

8.5.2　橡皮的妙用

用橡皮可擦出高光和反光等需提亮的部分，注意，此方法仅适用于在白色纸或接近白色的浅色纸上使用。

（1）先用彩色铅笔将颜色涂好，如图8-34所示。

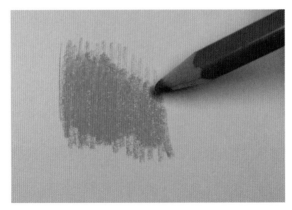

图8-34　涂抹颜色

（2）用橡皮在涂好的颜色中擦去部分颜色，如图8-35所示。

图8-35　用橡皮擦去部分颜色

图8-36所示为用这种方法得到的茄子的高光部分。

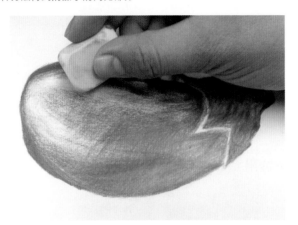

图8-36　擦出茄子的亮光

8.6 画彩色素描的基本步骤

绘制彩色素描的主要步骤为：线稿→上色→修饰。

下面用一个范例作具体介绍。

（1）用一般绘图铅笔画出基本的构图，如图 8-37 所示。

图8-37 画线稿

（2）用铅笔细致地画出轮廓，如图 8-38 所示。

图8-38 细致描绘轮廓

（3）用棕色系的彩色铅笔加重轮廓，如图 8-39 所示。

图8-39　用棕色铅笔加重轮廓

（4）用软橡皮将轮廓擦掉，只留下淡淡的彩色勾勒的线条。线稿完成，如图 8-40 所示。

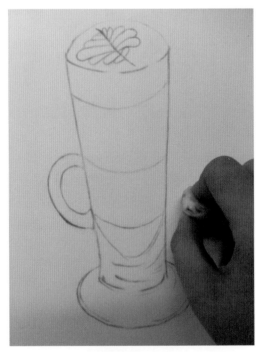

图8-40　完成线稿

（5）用浅色的铅笔涂上基础色，如图 8-41 所示。

图8-41 涂上基础色

（6）用稍微深一些的颜色勾勒细节，并画出暗部，之后做整体调整，完成结果如图 8-42 所示。

图8-42 完成的彩色素描

本章小结

通过本章的学习，可以了解彩色铅笔的基本画法，彩色铅笔的基本笔触及基本叠色画法，通过实际案例我们还了解到了彩色铅笔的渐变画法与处理画面时的常用色彩技巧。为今后的色彩作品练习打下了坚实的基础。

赏析与实训

赏析部分：生活中的元素

此图运用丰富的色彩表现出了孔雀开屏时的色彩美感。

图8-43 孔雀

运用流畅简约的色彩概括绘制出了自行车的形态关系。

图8-44 自行车

运用色彩技法较好地表现出了植物的色彩丰富性。

图8-45 花

较好地表现出了玻璃瓶的质感与色彩变化。

图8-46 漂流瓶

实训部分：案李 1——沙滩

（1）概括画出基本轮廓形态。

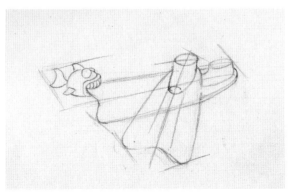

图8-47 沙滩步骤1

（2）运用固有色绘制不同材质的颜色。

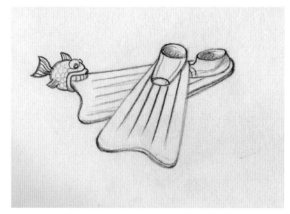

图8-48　沙滩步骤2

（3）深入刻画材质的变化与色彩的变化。

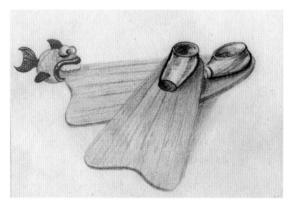

图8-49　沙滩步骤3

案李2——伞

（1）概括画出伞的基本轮廓。

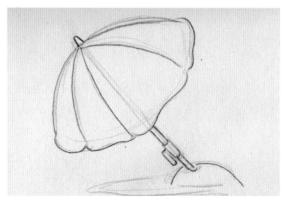

图8-50　伞的基本轮廓

（2）绘制基本的色彩明暗关系。

图8-51 色彩明暗

（3）深入刻画雨伞的色彩细节变化，描绘色彩质感。

图8-52 描绘色彩质感